"十三五"移动学习型规划教材

高等数学（上）

丛书主编　叶润萍　陆海霞

主编　衡美芹　李红玲　季海波　吴秋霞

参编　刘晓兰　顾　颖　郁爱军　周克元

U0322668

机械工业出版社

本教材是工科类高等数学教材，主要特点是包含了二维码技术和相关数学历史文化知识介绍．教材注意与中学数学的衔接，增加了中学数学教材中包含且对高等数学学习很必要的知识点，如常用符号、特殊数列、三角关系公式等，也增加了中学数学教材中不包含而学习高等数学必备的知识点，如和差化积与积化和差公式、反三角函数等．另外，教材注重整体性，对知识的来龙去脉有恰当的介绍，便于学生掌握；教材注重可读性，使用由浅入深的介绍方式，便于学生理解；教材注重有效性，呈现逻辑严密的定理证明与例题解答，提供层次分明、内容丰富的习题，以满足不同层次学生的需求．本套教材分为上、下两册，本教材是（上），内容包括预备知识、极限与连续、导数与微分、微分中值定理与导数的应用、不定积分、定积分及其应用 6 章．各章配有习题，以及对应的习题参考答案．

本教材可以作为应用型院校高等数学的教材或教学参考书．

图书在版编目（CIP）数据

高等数学. 上/衡美芹等主编. —北京：机械工业出版社，2019.7
"十三五"移动学习型规划教材
ISBN 978-7-111-62304-5

Ⅰ.①高… Ⅱ.①衡… Ⅲ.①高等数学－高等学校－教材 Ⅳ.①O13

中国版本图书馆 CIP 数据核字（2019）第 052113 号

机械工业出版社（北京市百万庄大街 22 号　邮政编码 100037）
策划编辑：汤　嘉　责任编辑：汤　嘉　陈崇昱
责任校对：张　薇　封面设计：张　静
责任印制：孙　炜
北京联兴盛业印刷股份有限公司印刷
2019 年 11 月第 1 版第 1 次印刷
184mm×260mm · 10 印张 · 253 千字
标准书号：ISBN 978-7-111-62304-5
定价：29.00 元

电话服务　　　　　　　　网络服务
客服电话：010-88361066　机 工 官 网：www.cmpbook.com
　　　　　010-88379833　机 工 官 博：weibo.com/cmp1952
　　　　　010-68326294　金 书 网：www.golden-book.com
封底无防伪标均为盗版　机工教育服务网：www.cmpedu.com

前　言

　　高等数学(或称大学数学)是高等学校理工、经管类等专业的一门重要的基础课程,也是硕士研究生入学考试的必考科目.为了更好地适应我国当前高等教育跨越式发展的需要,满足从精英教育向大众化教育过渡阶段中社会对应用型人才数学素养的需求,我们根据教育部制定的《高等数学课程教学基本要求》,并结合宿迁学院高等数学课程教学改革的实践与经验编写了这套教材.

　　在编写过程中,我们不仅借鉴了国内出版的同类教材在教材体系、内容安排和例题选配等方面的优点,同时还结合了民办本科、应用型院校金融或经济类各专业的要求以及大学生的知识结构现状,在教材内容的安排上进行了一定的调整与取舍,尽量做到难易适中.一方面,我们力求本教材的体系、内容符合数学学科本身的特点,同时,按照《全国硕士研究生入学统一考试数学考试大纲》的要求,适当兼顾部分学有余力或有报考硕士研究生愿望的学生;另一方面,由于国内应用型高等学校普遍存在高等数学课时不断压缩的现状,我们认为学生只有在了解或理解高等数学中的概念、理论与方法的基础上,才能培养出逻辑推理能力,从而具备一定的数学分析能力,进而可以解决相关专业中的一些实际应用问题,为学习专业课程以及其他后续课程打下扎实的基础.

　　本教材编写组基于中学数学课程新标准以及高等数学中有关知识的衔接情况,考虑后续章节的教学连贯性与适用性,特给出相应的预备知识;对于教材中的重要定理、法则予以严格证明,而略去其他定理的证明.本教材每章均配备了适量的习题,习题均分为(A)、(B)两组,其中(A)组为习题复习、巩固所学基本知识而设置,(B)组习题则选编自部分综合性较强的题目以供学有余力或有志于报考硕士研究生的学生使用.本教材每章末给出本章计算题的参考答案.另外,本教材的二维码中介绍了一些相关的数学历史文化知识,这些内容对于激发学生学习高等数学的兴趣、开阔他们的视野是大有裨益的.

　　本教材丛书由叶润萍教授、陆海霞教授主编.本教材的主编为衡美芹、季海波、吴秋霞、李红玲,参编为刘晓兰、顾颖、郁爱军、周克元等.本书的编写得到了宿迁学院教务处和文理学院领导的大力支持,另外,审稿同志对原稿提出了宝贵的改进意见,对此我们一并表示衷心感谢.

　　由于编者水平有限,加之编写时间仓促,本教材不足之处在所难免,恳请广大读者给予批评指正.

编　者

目　　录

第一章

预 备 知 识

第一节 **实数与集合论初步**

微积分研究的对象主要是定义在实数集上的函数,为此,我们先给出与实数有关的内容.

一、 实数

1. 实数的概念

我们在中学数学课程中已经知道实数由有理数与无理数两部分组成. 有理数可以表示成 $\dfrac{p}{q}$(p,q 为整数且 $q\neq 0$)的分数形式,而把无限不循环小数称为无理数. 通常在一条水平直线上确定一点 O 作为原点,把指向右方的方向规定为正方向且规定一个单位长度后就得到一个数轴. 实数与数轴上的点是一一对应的,即任一实数对应着数轴上唯一的一点;反之,数轴上每一点表示着相应的唯一实数. 这样,数轴上表示有理数的点称为有理点. 相应地,数轴上表示无理数的点称为无理点.

2. 实数的基本性质

一般说来,实数具有下列基本性质:

性质 1 实数经过加、减、乘、除(除数不为零)四则运算的结果仍为实数.

性质 2 对任意两个实数 a,b 而言,下列三个关系 $a>b,a=b,a<b$ 中,它们必具其一.

性质 3 对于实数 a,b,c,如果 $a>b,b>c$,那么 $a>c$ 必成立.

性质 4 任意两个不相等的实数之间必存在有理数和无理数.

例 1 对于实数 a,b,若对于任何正数 ε 均有 $a<b+\varepsilon$,则

$a \leqslant b$.

证 假设结论不成立，由性质 2 可知 $a > b$. 令 $\varepsilon = a - b$，显然 $\varepsilon > 0$，且 $a = b + \varepsilon$，这与题设中 $a < b + \varepsilon$ 相矛盾. 故原结论 $a \leqslant b$ 成立.

二、 复数

1. 复数的概念

我们在研究一元二次方程的解法时，已经知道，当判别式 $b^2 - 4ac < 0$ 时，方程没有实数根. 这说明在实数范围内讨论代数方程的解法还不够完善. 为此，人们将实数集进一步扩充. 出于解方程 $x^2 + 1 = 0$ 的需要，人们引进了一个新数 i，并将 i 作为方程 $x^2 + 1 = 0$ 的一个根，即

$$i^2 = -1.$$

这样方程 $x^2 + 1 = 0$ 的两个根分别为 $x_1 = i, x_2 = -i$. 我们称 i 为虚数单位.

称 $a + bi (a, b$ 都是实数$)$ 为复数，用 z 表示，即

$$z = a + bi$$

其中，a 与 b 分别称为复数的实部与虚部，并分别记为 $\mathrm{Re} z = a$，$\mathrm{Im} z = b$.

因此，全体实数可以看作全体复数的一部分.

2. 复数的基本性质

一般来说，复数具有以下基本性质：

性质 5 复数经过加、减、乘、除（除数不为零）四则运算的结果仍为复数.

性质 6 对于实数 a, b, c, d，有 $a + bi = c + di \Leftrightarrow a = c, b = d$；

特别地，$a + bi = 0 \Leftrightarrow a = 0, b = 0$.

性质 7 对于实数 a, b, c, d，有 $(a + bi) \pm (c + di) = (a \pm c) + (b \pm d)i$.

三、 绝对值

1. 绝对值的概念

定义 1 设 a 为一个实数，我们通常将 a 的绝对值记为 $|a|$，中学教材中表述为一个正数的绝对值是它本身；一个负数的绝对值是它的相反数；零的绝对值是零.

注 （1）我们也可以定义为

$$|a| = \begin{cases} a, & \text{当 } a > 0 \text{ 时} \\ 0, & \text{当 } a = 0 \text{ 时} \\ -a, & \text{当 } a < 0 \text{ 时} \end{cases}$$

（2）我们也把数轴上表示一个数的点到原点的距离称为这个数的绝对值.

显然,实数 a 的绝对值 $|a|$ 的几何意义就是点 a 到原点的距离;相应地,$|a-b|$ 表示点 a 与点 b 之间的距离.

2. 绝对值的基本性质

一般说来,实数的绝对值具有下列基本性质:

（1）$|a| \geqslant 0$;

（2）$|-a|=|a|$;特别地,当且仅当 $a=0$ 时,$|a|=0$;

（3）$|a|=\sqrt{a^2}$;

（4）$-|a| \leqslant a \leqslant |a|$;

（5）设 h 为正数,有 $|a| \leqslant h \Leftrightarrow a^2 \leqslant h^2 \Leftrightarrow -h \leqslant a \leqslant h$;

（6）设 h 为正数,有 $|a| \geqslant h \Leftrightarrow a^2 \geqslant h^2 \Leftrightarrow a \geqslant h$ 或 $a \leqslant -h$.

此外,把求实数的绝对值当成一种运算,这种运算具有下列性质:

（1）$|a+b| \leqslant |a|+|b|$,当且仅当 a 和 b 同号时等式成立. 一般地,$|a_1+a_2+\cdots+a_n| \leqslant |a_1|+|a_2|+\cdots+|a_n|$,当且仅当 a_1,a_2,$\cdots$,a_n 均同号时等式成立;

（2）$|a-b| \geqslant ||a|-|b||$;

（3）（三角形不等式）对于任意实数 a,b,有 $|a|-|b| \leqslant |a \pm b| \leqslant |a|+|b|$;

（4）$|ab|=|a| \cdot |b|$;

（5）$\left|\dfrac{a}{b}\right|=\dfrac{|a|}{|b|}$,其中 $b \neq 0$.

例 2 对于实数 a,b,若对于任何正数 ε 均有 $|a-b|<\varepsilon$,则 $a=b$.

证 由题设 $|a-b|<\varepsilon$,可得 $-\varepsilon<a-b<\varepsilon$,即有 $b-\varepsilon<a<b+\varepsilon$. 对于 $a<b+\varepsilon$,利用例 1 知 $a \leqslant b$;另外,由于 $b-\varepsilon<a$,也就是 $b<a+\varepsilon$,同理可得 $b \leqslant a$,故 $a=b$.

四、 集合

1. 集合的概念

凡是具有某种性质的、确定的、能够区分的事物的全体就是一个集合. 组成集合的每个事物叫作该集合的元素. 通常用大写英文字母 A,B,C,$\cdots$ 表示集合,用小写英文字母 a,b,c,$\cdots$ 表示集合的元素. 若 a 是集合 A 中的元素,就说 a 属于 A,记作 $a \in A$,否则就说 a 不属于 A,记作 $a \notin A$（或 $a \bar{\in} A$）. 若一个集合中只含有有限个元素,则称为有限集;不是有限集的集合称为无限集. 并称不含任何元素的集

> ★ 伟大的康托尔与集合论
> 见本页二维码

合为空集,记为∅.

集合通常用列举法和描述法以及维恩图等方法表示. 所谓列举法就是把集合的全体元素一一列举出来,如自然数集 $\mathbf{N} = \{0, 1, 2, \cdots\}$. 而描述法则是把所有给定性质的元素汇集成一个集合一一简洁地给出,如 $A = \{x \mid x$ 具有性质 $P\}$.

注 (1) 全体非负整数组成的集合称为自然数集(或非负整数集),记作 $\mathbf{N}$;全体整数组成的集合称为整数集,记作 $\mathbf{Z}$;全体有理数组成的集合称为有理数集,记作 $\mathbf{Q}$;全体实数组成的集合称为实数集,记作 $\mathbf{R}$.

(2) 有时我们在表示数集字母的右下角标上"+"表示该数集内排除 0 与负数的集合,如所有正整数组成的集合称为正整数集,记为 $\mathbf{Z}_+$.

(3) 如不特别说明,在本教材中涉及的数均为实数,数集均为实数集,我们也可以把 $\mathbf{R}$ 表示为数轴.

2. 集合间的基本关系

(1) 对于两个集合 A, B,若集合 A 中的任意一个元素都是集合 B 的元素,我们就说 A, B 有包含关系,称集合 A 为集合 B 的子集,记作 $A \subseteq B$(或 $B \supseteq A$),并规定,空集是任何集合的子集.

(2) 若集合 A 是集合 B 的子集,且集合 B 是集合 A 的子集,此时集合 A 中的元素与集合 B 中的元素完全一样,因此集合 A 与集合 B 相等,记作 $A = B$.

(3) 若集合 A 是集合 B 的子集,但若至少存在一个元素属于 B 但不属于 A,我们称集合 A 是集合 B 的真子集. 记作 $A \subset B$.

3. 集合的运算

设 A, B 是两个集合,由所有属于 A 或者属于 B 的元素组成的集合称为 A 与 B 的并集(见图 1-1a),记作 $A \cup B$,即 $A \cup B = \{x \mid x \in A$ 或 $x \in B\}$;

设 A, B 是两个集合,由所有既属于 A 又属于 B 的元素组成的集合称为 A 与 B 的交集(见图 1-1b),记作 $A \cap B$,即 $A \cap B = \{x \mid x \in A$ 且 $x \in B\}$;

设 A, B 是两个集合,由所有属于 A 而不属于 B 的元素组成的集合称为 A 与 B 的差集(见图 1-1c),记作 $A \backslash B$,即 $A \backslash B = \{x \mid x \in A$ 且 $x \notin B\}$;

如果我们研究某个问题限定在一个大的集合 I 中进行,所研究的其他集合 A 都是 I 的子集. 此时我们称集合 I 为全集或基础集,称 $I \backslash A$ 为 A 的余集或补集(见图 1-1d),记作 $\complement_I A$(或 A^c),即 $I \backslash A = \{x \mid x \in I$ 且 $x \notin A\}$;

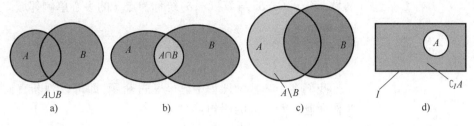

图 1-1

五、区间与邻域

1. 区间

在数轴上来说,区间是指介于某两点之间的线段上点的全体.

（1）有限区间

设 $a<b$,称数集 $\{x\mid a<x<b\}$ 为开区间,记为 (a,b),即 $(a,b)=\{x\mid a<x<b\}$. 类似地有 $[a,b]=\{x\mid a\leqslant x\leqslant b\}$ 称为闭区间;$[a,b)=\{x\mid a\leqslant x<b\}$,$(a,b]=\{x\mid a<x\leqslant b\}$ 称为半开区间. 其中 a 和 b 称为区间 (a,b),$[a,b]$,$[a,b)$,$(a,b]$ 的端点,$b-a$ 称为区间的长度.

（2）无限区间

$[a,+\infty)=\{x\mid x\geqslant a\}$,$(a,+\infty)=\{x\mid x>a\}$,$(-\infty,b]=\{x\mid x\leqslant b\}$,$(-\infty,b)=\{x\mid x<b\}$,$(-\infty,+\infty)=\{x\mid\mid x\mid<+\infty\}$.

注 $-\infty$ 和 $+\infty$,分别读作"负无穷大"和"正无穷大",它们不是数,仅仅是记号,通常分别表示全体实数的下界与上界.

2. 邻域

定义 2 设 $a,\delta\in\mathbf{R}$,且 $\delta>0$,满足不等式 $|x-a|<\delta$ 的实数 x 的全体称为点 a 的 δ 邻域,记作 $U(a,\delta)$,即 $U(a,\delta)=(a-\delta,a+\delta)=\{x\mid\mid x-a\mid<\delta\}=\{x\mid a-\delta<x<a+\delta\}$. 其中点 a 称为此邻域的中心,δ 称为此邻域的半径. 当不需要指明半径时,可以用 $U(a)$ 表示点 a 的一个泛指的邻域.

定义 3 设 $a,\delta\in\mathbf{R}$,且 $\delta>0$,称满足不等式 $0<|x-a|<\delta$ 的实数 x 的全体为点 a 的去心 δ 邻域,记作 $\mathring{U}(a,\delta)$,即 $\mathring{U}(a,\delta)=\{x\mid 0<\mid x-a\mid<\delta\}=\{x\mid a-\delta<x<a+\delta,$ 且 $x\neq a\}$. 显然 $U(a,\delta)$ 仅比 $\mathring{U}(a,\delta)$ 多出一点 a.

此外,我们还会用到以下几种邻域:点 a 的 δ 右邻域 $U_+(a,\delta)=\{x\mid 0\leqslant x-a<\delta\}=[a,a+\delta)$;点 a 的 δ 左邻域 $U_-(a,\delta)=\{x\mid -\delta<x-a\leqslant 0\}=(a-\delta,a]$;点 a 的去心 δ 右邻域 $\mathring{U}_+(a,\delta)=\{x\mid 0<x-a<\delta\}=(a,a+\delta)$;点 a 的去心 δ 左邻域 $\mathring{U}_-(a,\delta)=\{x\mid -\delta<x-a<0\}=(a-\delta,a)$. 以后将 $U_+(a,\delta)$ 与 $U_-(a,\delta)$ 统称为点 a 的单侧

邻域,将 $\overset{\circ}{U}_+(a,\delta)$ 与 $\overset{\circ}{U}_-(a,\delta)$ 统称为点 a 的去心单侧邻域.

六、 命题

1. 定义

我们在中学数学课程中已经学过命题,即可以判断真假的语句叫作命题. 看下面的语句:

① "3 是 12 的约数";

② "2 是最小的质数";

③ "0 是自然数";

④ "两个无理数的和是无理数";

⑤ "菱形不是平行四边形";

⑥ "是偶数就不会是质数";

⑦ "可以判断真假的语句叫作命题".

这些语句都是命题,其中①、②、③、⑦是真的,叫作**真命题**;④、⑤、⑥是假的,叫作**假命题**.

2. 关系

在两个命题中,如果第一个命题的条件(或假设)是第二个命题的结论,并且第一个命题的结论是第二个命题的条件(或假设),那么这两个命题叫作**互逆命题**;如果把其中一个命题叫作原命题,那么另一个命题叫作原命题的**逆命题**. 一个命题的条件和结论分别是另一个命题条件的否定和结论的否定,这样的两个命题叫作**互否命题**. 把其中一个命题叫作原命题,另一个就叫原命题的**否命题**. 一个命题的条件和结论分别是另一个命题的结论的否定和条件的否定,这样的两个命题叫作**互为逆否命题**. 把其中一个命题叫作原命题,另一个就叫作原命题的**逆否命题**.

一般地,一个命题的真假与其他三个命题的真假有如下关系:

(1) 原命题为真,它的逆命题不一定为真.

例如,原命题"若 $a=0$,则 $ab=0$"是真命题,它的逆命题"若 $ab=0$,则 $a=0$"是假命题.

(2) 原命题为真,它的否命题不一定为真.

例如,原命题"若 $a=0$,则 $ab=0$"是真命题,它的否命题"若 $a\neq0$,则 $ab\neq0$"是假命题.

(3) 原命题为真,它的逆否命题一定为真.

例如,原命题"若 $a=0$,则 $ab=0$"是真命题,它的逆否命题"若 $ab\neq0$,则 $a\neq0$"是真命题.

3. 充分条件与必要条件

如果 p 成立,那么 q 一定成立,记作

$$p\Rightarrow q \text{ 或者 } q\Leftarrow p,$$

那么我们称 p 是 q 的**充分条件**,q 是 p 的**必要条件**.

如果既有 $p \Rightarrow q$，又有 $p \Leftarrow q$，就记作
$$p \Leftrightarrow q$$
这时，p 既是 q 的充分条件，又是 q 的必要条件，我们就称 p 是 q 的**充分必要条件**，简称**充要条件**.

例如，"x 是 14 的倍数"是"x 是 7 的倍数"的充分而不必要条件；

"x 是 2 的倍数"是"x 是 14 的倍数"的必要而不充分条件；

"x 是 14 的倍数"是"x 既是 2 的倍数也是 7 的倍数"的充要条件；

"x 是 14 的倍数"是"x 是 9 的倍数"的既不充分也不必要条件.

七、　数学归纳法

数学归纳法通常是指**第一数学归纳法**和**第二数学归纳法**.

对于一个与正整数有关的命题 $P(n)$，用**第一数学归纳法**证明的步骤如下：

(1) 证明 $n=1$ 时，命题 $P(1)$ 成立；

(2) 假设 $n=k$ 时，命题 $P(k)$ 成立，能推出 $n=k+1$ 时，命题 $P(k+1)$ 也成立，则命题 $P(n)$ 对一切正整数 n 均成立.

> ★　数学归纳法
> 相关内容
> 见本页二维码

对于一个与正整数有关的命题 $P(n)$，用**第二数学归纳法**证明的步骤如下：

(1) 证明 $n=1$ 时，命题 $P(1)$ 成立；

(2) 假设对于一切小于 k 的正整数，命题均成立，能推出对于 k，命题 $P(k)$ 也成立，则命题 $P(n)$ 对一切正整数 n 均成立.

第二节　常用的中学数学概念与公式

由于学习微积分的内容需要一定的中学数学概念与公式，为此，我们做如下补充.

一、　数学符号

高等数学中的语言是由文字叙述和数学符号共同组成的，一般来说，数学符号能够使定义、定理的表述更加简洁，因此，本教材仍将沿用中学数学中普遍使用的数学符号.

1. 连词符号

(1) 符号"$\Rightarrow$"表示"蕴涵"或"推出"；

(2) 符号"$\Leftrightarrow$"表示"充分必要""等价"或"当且仅当".

此外，"$A \Rightarrow B$"表示"若命题 A 成立，则命题 B 成立""A 是 B 的充分条件"或"B 是 A 的必要条件"；"$A \Leftrightarrow B$"表示"命题 A 与命题 B 等价"或"A 是 B 的充分必要条件".

2. 量词符号

(1) 符号"∀"表示"任意"或"任意一个";

(2) 符号"∃"表示"存在"或"能够找到".

3. 阶乘符号

(1) 符号"$n!$"表示"不超过 n 的所有正整数的连乘积";

(2) 符号"$n!!$"表示"不超过 n 并与 n 具有相同奇偶性的正整数的连乘积".

4. 排列数、组合数符号

(1) 符号"A_n^m"(其中 $n, m \in \mathbf{Z}_+$, 且 $m \leq n$)表示"从 n 个不同元素中取 m 个元素的排列数",即 $A_n^m = n(n-1)(n-2)\cdots(n-m+1)$;显然 $A_n^n = n!$, 并规定 $0! = 1$.

(2) 符号"C_n^m"(其中 $n, m \in \mathbf{Z}_+$, 且 $m \leq n$)表示"从 n 个不同元素中取 m 个元素的组合数",即 $C_n^m = \dfrac{A_n^m}{A_m^m} = \dfrac{n(n-1)(n-2)\cdots(n-m+1)}{m!} = \dfrac{n!}{m!(n-m)!}$;且有公式 $C_n^m = C_n^{n-m}$, $C_{n+1}^m = C_n^m + C_n^{m-1}$.

5. 其他符号

(1) 符号"max"表示"最大"(它是 maximum 的缩写);

(2) 符号"min"表示"最小"(它是 minimum 的缩写);

(3) 符号"∑"表示"求和"或"连加"(它是希腊字母 σ 的大写);

(4) 符号"∏"表示"求积"或"连乘"(它是希腊字母 π 的大写);

(5) 符号"Δ"表示"变量的变化"或"方程的根的判别式"(它是希腊字母 δ 的大写);

(6) 符号"i"表示"虚数单位",即 $i^2 = -1$ 或 $i = \sqrt{-1}$.

二、 常用的中学数学公式

1. 整式的乘法和因式分解公式

(1) $(a \pm b)^2 = a^2 \pm 2ab + b^2, a^2 - b^2 = (a+b)(a-b)$;

(2) $(a \pm b)^3 = a^3 \pm 3a^2 b + 3ab^2 \pm b^3, (a \pm b)(a^2 \mp ab + b^2) = a^3 \pm b^3$;

(3) $a^n - b^n = (a-b)(a^{n-1} + a^{n-2}b + a^{n-3}b^2 + \cdots + b^{n-1})(n \in \mathbf{Z}_+)$;

(4) $(a+b)^n = a^n + C_n^1 a^{n-1}b + C_n^2 a^{n-2}b^2 + \cdots + C_n^k a^{n-k}b^k + \cdots + b^n = \displaystyle\sum_{k=0}^{n} C_n^k a^{n-k}b^k (n \in \mathbf{Z}_+)$.

2. 有理化因子

(1) $\sqrt{a} \pm \sqrt{b} = \dfrac{(\sqrt{a} \pm \sqrt{b})(\sqrt{a} \mp \sqrt{b})}{\sqrt{a} \mp \sqrt{b}} = \dfrac{a-b}{\sqrt{a} \mp \sqrt{b}}$;

(2) $\sqrt[3]{a} \pm \sqrt[3]{b} = \dfrac{(\sqrt[3]{a} \pm \sqrt[3]{b})(\sqrt[3]{a^2} \mp \sqrt[3]{ab} + \sqrt[3]{b})}{\sqrt[3]{a^2} \mp \sqrt[3]{ab} + \sqrt[3]{b}} = \dfrac{a \pm b}{\sqrt[3]{a^2} \mp \sqrt[3]{ab} + \sqrt[3]{b}}.$

3. 一元二次方程求根公式

设 $ax^2 + bx + c = 0$（其中 $a, b, c \in \mathbf{R}$，且 $a \neq 0$）

（1）当 $\Delta = b^2 - 4ac > 0$ 时，方程有两个相异的实数根

$x_{1,2} = \dfrac{-b \pm \sqrt{\Delta}}{2a};$

（2）当 $\Delta = b^2 - 4ac = 0$ 时，方程有两个相等的实数根 $x_{1,2} = -\dfrac{b}{2a};$

（3）当 $\Delta = b^2 - 4ac < 0$ 时，方程无实数根，但在复数域内，有两

个共轭虚数根 $x_{1,2} = \dfrac{-b \pm \sqrt{-\Delta}\,\mathrm{i}}{2a}.$

4. 数列

（1）等差数列（首项为 a_1，公差为 d）：

通项公式 $a_n = a_1 + (n-1)d;$

前 n 项和公式 $S_n = \dfrac{n(a_1 + a_n)}{2} = na_1 + \dfrac{n(n-1)}{2}d.$

（2）等比数列（首项为 a_1，公比为 q）：

通项公式 $a_n = a_1 q^{n-1};$

前 n 项和公式 $S_n = \dfrac{a_1(1-q^n)}{1-q} = \dfrac{a_1 - a_n q}{1-q}$（其中 $q \neq 1$）.

5. 自然数的方幂和公式

（1）$\displaystyle\sum_{k=1}^{n} k = \dfrac{n(n+1)}{2};$

（2）$\displaystyle\sum_{k=1}^{n} k^2 = \dfrac{n(n+1)(2n+1)}{6};$

（3）$\displaystyle\sum_{k=1}^{n} k^3 = \left[\dfrac{n(n+1)}{2}\right]^2 = \dfrac{n^2(n+1)^2}{4}.$

6. 对数、幂指运算公式

（1）$\log_a NM = \log_a N + \log_a M; \log_a \dfrac{N}{M} = \log_a N - \log_a M;$

$\log_a N^k = k\log_a N; a^{\log_a N} = N$（恒等式）.

（2）$a^{n+m} = a^n \cdot a^m; a^{n-m} = \dfrac{a^n}{a^m}$（特别地，$a^{-n} = \dfrac{1}{a^n}$）;$(a^n)^m = a^{nm};$

$a^{\frac{m}{n}} = \sqrt[n]{a^m}\,(a > 0); a^{-\frac{m}{n}} = \dfrac{1}{\sqrt[n]{a^m}}\,(a > 0).$

7. 三角公式

（1）特殊角的三角函数值（见表 1-1）.

表 1-1　特殊角的三角函数值

α	$\sin\alpha$	$\cos\alpha$	$\tan\alpha$
0	0	1	0
$\pi/6$	$\dfrac{1}{2}$	$\dfrac{\sqrt{3}}{2}$	$\dfrac{\sqrt{3}}{3}$
$\pi/4$	$\dfrac{\sqrt{2}}{2}$	$\dfrac{\sqrt{2}}{2}$	1
$\pi/3$	$\dfrac{\sqrt{3}}{2}$	$\dfrac{1}{2}$	$\sqrt{3}$
$\pi/2$	1	0	不存在

（2）诱导公式（见表 1-2）.

表 1-2　三角函数诱导公式

角 函数	$-\alpha$	$\dfrac{\pi}{2}\pm\alpha$	$\pi\pm\alpha$	$2k\pi\pm\alpha(k\in\mathbf{Z})$
sin	$-\sin\alpha$	$\cos\alpha$	$\mp\sin\alpha$	$\pm\sin\alpha$
cos	$\cos\alpha$	$\mp\sin\alpha$	$-\cos\alpha$	$\cos\alpha$
tan	$-\tan\alpha$	$\mp\cot\alpha$	$\pm\tan\alpha$	$\pm\tan\alpha$

（3）同角的三角基本关系式.

① 商关系 $\tan\alpha=\dfrac{\sin\alpha}{\cos\alpha}$.

② 倒数关系　$\sin\alpha\cdot\csc\alpha=1$，即 $\csc\alpha=\dfrac{1}{\sin\alpha}$（这里 $\csc\alpha$ 称为 α 的余割）；

$\cos\alpha\cdot\sec\alpha=1$，即 $\sec\alpha=\dfrac{1}{\cos\alpha}$（这里 $\sec\alpha$ 称为 α 的正割）；

$\tan\alpha\cdot\cot\alpha=1$，即 $\cot\alpha=\dfrac{1}{\tan\alpha}$（这里 $\cot\alpha$ 称为 α 的余切）.

③ 平方关系 $\sin^2\alpha+\cos^2\alpha=1$，$1+\tan^2\alpha=\sec^2\alpha$，$1+\cot^2\alpha=\csc^2\alpha$.

（4）和角公式及其推论

① 和（差）角公式

$\sin(\alpha\pm\beta)=\sin\alpha\cos\beta\pm\cos\alpha\sin\beta$；$\cos(\alpha\pm\beta)=\cos\alpha\cos\beta\mp\sin\alpha\sin\beta$；

$\tan(\alpha\pm\beta)=\dfrac{\tan\alpha\pm\tan\beta}{1\mp\tan\alpha\tan\beta}\left(\alpha,\beta,\alpha+\beta,\alpha-\beta\neq k\pi+\dfrac{\pi}{2},k\in\mathbf{Z}\right)$.

② 二倍角公式

$\sin2\alpha=2\sin\alpha\cos\alpha$；$\cos2\alpha=\cos^2\alpha-\sin^2\alpha=2\cos^2\alpha-1=1-2\sin^2\alpha$；

$\tan2\alpha=\dfrac{2\tan\alpha}{1-\tan^2\alpha}$.

③ 半角公式

$$\cos^2\alpha = \frac{1+\cos 2\alpha}{2}\left(\text{或}\cos\frac{\alpha}{2} = \pm\sqrt{\frac{1+\cos\alpha}{2}}\right);$$

$$\sin^2\alpha = \frac{1-\cos 2\alpha}{2}\left(\text{或}\sin\frac{\alpha}{2} = \pm\sqrt{\frac{1-\cos\alpha}{2}}\right);$$

$$\tan^2\alpha = \frac{1-\cos 2\alpha}{1+\cos 2\alpha}\left(\text{或}\tan\frac{\alpha}{2} = \pm\sqrt{\frac{1-\cos\alpha}{1+\cos\alpha}}\right).$$

④ 万能公式

$$\sin\alpha = \frac{2\tan\frac{\alpha}{2}}{1+\tan^2\frac{\alpha}{2}};\cos\alpha = \frac{1-\tan^2\frac{\alpha}{2}}{1+\tan^2\frac{\alpha}{2}};\tan\alpha = \frac{2\tan\frac{\alpha}{2}}{1-\tan^2\frac{\alpha}{2}}.$$

⑤ 和差化积公式

$$\sin\alpha + \sin\beta = 2\sin\frac{\alpha+\beta}{2}\cos\frac{\alpha-\beta}{2};$$

$$\sin\alpha - \sin\beta = 2\cos\frac{\alpha+\beta}{2}\sin\frac{\alpha-\beta}{2};$$

$$\cos\alpha + \cos\beta = 2\cos\frac{\alpha+\beta}{2}\cos\frac{\alpha-\beta}{2};$$

$$\cos\alpha - \cos\beta = -2\sin\frac{\alpha+\beta}{2}\sin\frac{\alpha-\beta}{2}.$$

⑥ 积化和差公式

$$\sin\alpha\cos\beta = \frac{1}{2}[\sin(\alpha+\beta) + \sin(\alpha-\beta)];$$

$$\cos\alpha\sin\beta = \frac{1}{2}[\sin(\alpha+\beta) - \sin(\alpha-\beta)];$$

$$\cos\alpha\cos\beta = \frac{1}{2}[\cos(\alpha+\beta) + \cos(\alpha-\beta)];$$

$$\sin\alpha\sin\beta = -\frac{1}{2}[\cos(\alpha+\beta) - \cos(\alpha-\beta)].$$

> ★　和差化积与积化
> 和差公式的记忆
> ★　极坐标
> 见本页二维码

8. 极坐标变换公式

在平面上取一定点 O,叫作极点;从极点 O 出发,引一条射线 Ox,叫作极轴;再取定单位长度,这样便在平面上建立了极坐标系. 设 P 是该平面内任意一点,它到极点 O 的距离 $|OP|$ 记为 ρ,射线 OP 与极轴 Ox 的夹角 $\angle POx$ 记为 θ,$0 \leqslant \theta < 2\pi$. 于是得到一个有序数对 (ρ,θ). 反之,给定一个有序数对 (ρ,θ),$\rho \geqslant 0$,$0 \leqslant \theta < 2\pi$,可以在该平面内确定一个点. 因此,把有序数对 (ρ,θ) 叫作点 P 的极坐标,而 ρ 叫作极径,θ 叫作极角.

特别地,如果在该平面上建立直角坐标系,使它的原点与极点重合,x 轴的正方向与极轴重合,并且度量单位和极坐标系的度量单位相同,则对于该平面上点 P 的直角坐标 (x,y) 与极坐标 (ρ,θ)（这里 $\rho \geqslant 0$）有以下变换公式:

$$\begin{cases} x = \rho\cos\theta \\ y = \rho\sin\theta \end{cases} 与 \begin{cases} \rho = \sqrt{x^2 + y^2} \\ \theta = \arctan\dfrac{y}{x}, x \neq 0 \end{cases}.$$

第三节　函　数　概　念

关于函数的概念,在中学数学教材中已经做了一些介绍,但是在自然科学、工程技术、经济学等领域中,函数是应用非常广泛的数学概念之一,同时也在高等数学中处于核心地位,是微积分课程研究的主要对象.因此,根据本课程以及相关后续课程的需要,我们将对函数做进一步深入的讨论.

一、　函数的定义

定义 1　设非空数集 $D \subset \mathbf{R}$,若存在一个对应法则 f,使得对任意 $x \in D$,都有唯一确定的一个实数 y 与之对应,则称 f 为定义在 D 上的函数,其中 x 称为**自变量**,y 称为**因变量**,D 称为**定义域**. x 所对应的 y 称为 f 在 x 处的**函数值**,通常简记为 $y = f(x)$,$x \in D$,全体函数值的集合 $f(D) = \{y \mid y = f(x), x \in D\}$ 称为函数的**值域**.

注　(1) 记号 f 和 $f(x)$ 的含义是有区别的,前者表示自变量 x 和因变量 y 之间的对应法则,而后者表示与自变量 x 对应的函数值.为了叙述方便,习惯上常把记号" $f(x)$, $x \in D$ "或" $y = f(x)$, $x \in D$ "理解为 D 上的函数.

(2) 由定义容易看出构成函数的要素是定义域 D 及对应法则 f.若两个函数的定义域相同,对应法则也相同,则这两个函数就是相同的,否则就是不同的.例如,函数 $f(x) = \dfrac{1 - x^2}{1 - x}$ 与 $g(x) = 1 + x$ 是不同的,因为它们的定义域不同.

(3) 在中学数学中已经介绍过函数的定义域通常取使函数 $y = f(x)$ 有意义的实数 x 的全体,这种定义域也可以称为函数的自然定义域,在这种情况下,我们有时将定义域 D 省略.例如,函数 $f(x) = \sqrt{1 - x^2}$ 虽然没有指出定义域,但是我们很容易求出它的定义域是 $D = \{x \mid -1 \leqslant x \leqslant 1\}$ 或者 $D = [-1, 1]$.

确定函数的定义域时,往往把使函数 $y = f(x)$ 无意义的点去掉即可得到该函数的定义域.如偶次方根下被开方数不能为负数,分式的分母不能为零,对数的真数必须为正数等.另外,对于有实际背景的函数,函数的定义域应由实际背景中变量的实际意义来确定.

（4）在函数的定义中,对每个 $x \in D$,对应的函数值 y 总是唯一的,这样定义的函数称为**单值函数**. 如果给定一个对应法则,按这个法则,对每个 $x \in D$,总有确定的 y 值与之对应,但这个 y 不总是唯一的,我们称这种法则确定了一个**多值函数**. 对于多值函数,往往只要附加一些条件,就可以将它化为单值函数,这样得到的单值函数称为多值函数的单值分支. 本教材一般讨论单值函数情形.

（5）函数的表示方法主要有三种:图形法、表格法、公式法(解析法). 图形法表示函数非常直观,一目了然;表格法使用方便,便于求函数值;而公式法表达清晰、紧凑,在理论研究、推导论证中容易表达,是应用最广泛的一种方法.

（6）在实际应用中经常会遇到这样的函数:在自变量的不同变化范围内,对应法则用不同表达式来表示同一个函数,我们称这类函数为**分段函数**. 分段函数在经济问题中应用非常广泛,如出租车价格的计算、个人所得税的计算、邮件的资费计算方法等都可用分段函数表示.

下面举几个函数的例子:

例 1　求函数 $y = \dfrac{1}{x} - \sqrt{x^2 - 4}$ 的定义域.

解　要使表达式有意义,必须有 $x \neq 0$,且 $x^2 - 4 \geqslant 0$,解得 $|x| \geqslant 2$. 所以该函数的定义域为 $D = \{x \mid |x| \geqslant 2\}$ 或 $D = (-\infty, -2] \cup [2, +\infty)$.

例 2　函数 $y = C$ 称为常值函数. 其定义域为 $D = (-\infty, +\infty)$,值域为 $f(D) = \mathbf{R}$. 它的图形如图 1-2 所示.

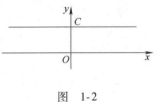

图　1-2

例 3　函数 $y = |x| = \begin{cases} x, & x \geqslant 0 \\ -x, & x < 0 \end{cases}$ 称为绝对值函数. 其定义域为 $D = (-\infty, +\infty)$,值域为 $f(D) = [0, +\infty)$. 它的图形如图 1-3 所示.

例 4　函数 $y = \operatorname{sgn} x = \begin{cases} 1, & x > 0 \\ 0, & x = 0 \\ -1, & x < 0 \end{cases}$ 称为符号函数. 其定义域为 $D = (-\infty, +\infty)$,值域为 $f(D) = \{-1, 0, 1\}$. 它的图形如图 1-4 所示.

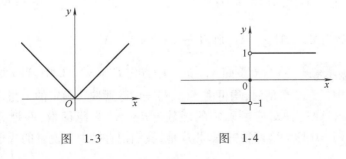

图　1-3　　　　图　1-4

例5 设 x 为任一实数,不超过 x 的最大整数称为 x 的整数部分,记作 $[x]$. 函数 $y=[x]$ 称为取整函数. 其定义域为 $D=(-\infty,+\infty)$,值域为 $f(D)=\mathbf{Z}$. 它的图形如图 1-5 所示.

例6 设 x 为任一实数,函数 $y=x-[x]$ 称为函数的小数部分. 其定义域为 $D=(-\infty,+\infty)$,值域为 $f(D)=[0,1)$. 它的图形如图 1-6所示.

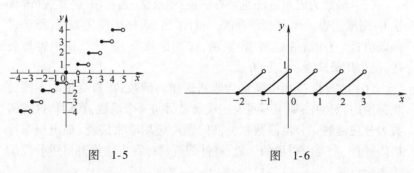

图 1-5　　　　　　　图 1-6

★ 狄利克雷
相关内容
见本页二维码

例7 "当 x 为有理数时,对应 $y=1$;当 x 为无理数时,对应 $y=0$." 这个函数称为狄利克雷函数,记为 $y=D(x)=\begin{cases}1,x \text{ 是有理数}\\0,x \text{ 是无理数}\end{cases}$ 其定义域为 $D=(-\infty,+\infty)$,值域为 $f(D)=\{0,1\}$. 因为数轴上的有理点与无理点都是稠密的,所以它的图像不能在数轴上准确地描绘出来.

例8 已知函数 $f(x)=\begin{cases}x^2, & -1\leqslant x<1\\ \dfrac{3}{2}, & x=1,\\ 2x, & 1<x\leqslant 2\end{cases}$ (1)求 $f(x)$ 的定义域并作图;(2)求函数值 $f\left(-\dfrac{1}{2}\right)$,$f(1)$,$f\left(\dfrac{3}{2}\right)$.

解 这是一个分段函数,其定义域为 $D=[-1,1)\cup\{1\}\cup(1,2]=[-1,2]$,该函数的图形如图 1-7 所示.

当 $-1\leqslant x<1$ 时,$y=x^2$,则 $f\left(-\dfrac{1}{2}\right)=\left(-\dfrac{1}{2}\right)^2=\dfrac{1}{4}$;

当 $x=1$ 时,$f(1)=\dfrac{3}{2}$;

而当 $x>1$ 时,$y=2x$,则 $f\left(\dfrac{3}{2}\right)=2\times\dfrac{3}{2}=3$.

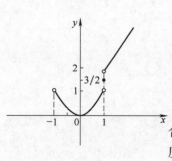

图 1-7

定义2 在含有变量 x,y 的一个方程 $F(x,y)=0$ 中,当 x 取集合 D 中任意一个值时,均可由 $F(x,y)=0$ 得到唯一确定的 y 与之对应,我们称这种对应所确定的函数 $y=y(x)$ 为**隐函数**,并把方程 $F(x,y)=0$ 称为**隐函数方程**. 相应地,我们把直接由自变量的式子表示的函数称为**显函数**. 如方程 $y = x^2$, $y = \sin x$ 等都是显函数, 而方程 $x^2 + y^2 = 1$, $e^y + xy - e^x = 0$ 则是隐函数, 方程 $x^2 + y^2 = 1$ 可以确定两个隐函数 $y = \sqrt{1 - x^2}$ 和 $y = -\sqrt{1 - x^2}$, $x \in [-1, 1]$, 即可以化为显函数, 这个过程称为隐函数的显化, 但是方程 $e^y + xy - e^x = 0$ 却无法显化, 因此并不是每个隐函数都可以显化, 所以隐函数也是表达函数的一种必不可少的形式.

定义3　若变量 x, y 之间的函数关系是通过参数方程 $\begin{cases} x = \varphi(t), \\ y = \psi(t) \end{cases}$ (这里 t 为参数)给出, 我们称这种函数 $y = y(x)$ 为由参数方程确定的函数. 如中学数学中的参数方程 $\begin{cases} x = R\cos t, \\ y = R\sin t \end{cases}$ $(R > 0)$ 表示一个半径为 R 的圆, 即 $x^2 + y^2 = R^2$.

定义4(常见的几类经济函数)　厂商在从事生产经营活动时, 总是希望尽可能地降低产品的生产成本, 增加收入与利润, 而成本、收入、利润等经济变量都与产品的产量或销售量密切相关, 因此, 在忽略其他次要影响因素的情况下, 上述变量(用 x 表示)可以看作产品的产量或销售量的函数, 我们通常把它们分别称为总成本函数(或成本函数), 记作 $C = C(x)$; 总收入函数(或收入函数), 记作 $R = R(x)$; 总利润函数(或利润函数), 记作 $L = L(x)$. 显然, x 个产品的成本函数 $C(x)$、收入函数 $R(x)$ 和利润函数 $L(x)$ 之间具有以下关系: $L(x) = R(x) - C(x)$.

此外, 由于一种商品的市场需求总量与该商品的价格有着密切关系, 一般会出现降价时需求量增加, 涨价时需求量减少的规律. 因此, 在忽略影响需求量的其他次要因素的情况下, 需求量可以看作商品的价格(用 p 表示)的函数, 我们通常称之为需求函数, 记作 $Q = Q(p)$.

二、　函数的几种特性

1. 函数的有界性

设函数 $f(x)$ 的定义域为 D, 数集 $X \subset D$. 若存在常数 K_1, 对于任意 $x \in X$, 都有 $f(x) \leqslant K_1$, 则称函数 $f(x)$ 在 X 上有上界, 并称 K_1 为函数 $f(x)$ 在 X 上的一个**上界**. 容易知道此时函数 $y = f(x)$ 的图形总在直线 $y = K_1$ 的下方.

若存在常数 K_2, 对于任意 $x \in X$, 有 $f(x) \geqslant K_2$, 则称函数 $f(x)$ 在 X 上有下界, 并称 K_2 为函数 $f(x)$ 在 X 上的一个**下界**. 同样可以看出函数 $y = f(x)$ 的图形总在直线 $y = K_2$ 的上方.

若存在正的常数 M, 对于任意 $x \in X$, 有 $|f(x)| \leqslant M$, 则称函数 $f(x)$ 在 X 上有界, 一般也称函数 $f(x)$ 为有界函数; 如果这样的 M 不

存在,则称函数 $f(x)$ 在 X 上无界.

显然,有界函数必有上界和下界;反之,既有上界又有下界的函数必是有界函数. 此外,有界函数的图形一定位于两条平行直线 $y = -M$ 和 $y = M$ 之间.

如 $f(x) = \sin x$ 在 $(-\infty, +\infty)$ 上是有界函数(因为 $|\sin x| \leqslant 1$),而函数 $f(x) = \dfrac{1}{x}$ 在开区间 $(0,1)$ 内无上界,但它在 $(1,2)$ 内是有界函数.

2. 函数的单调性

设函数 $y = f(x)$ 的定义域为 D,区间 $I \subset D$. 如果对于区间 I 上任意两点 x_1 及 x_2,当 $x_1 < x_2$ 时,恒有 $f(x_1) \leqslant f(x_2)$,则称函数 $f(x)$ 在区间 I 上是单调增加的,区间 I 称为单调增区间. 特别地,当严格不等式 $f(x_1) < f(x_2)$ 成立时,则称函数 $f(x)$ 在区间 I 上是严格单调增加的.

如果对于区间 I 上任意两点 x_1 及 x_2,当 $x_1 < x_2$ 时,恒有 $f(x_1) \geqslant f(x_2)$,则称函数 $f(x)$ 在区间 I 上是单调减少的,区间 I 称为单调减区间. 特别地,当严格不等式 $f(x_1) > f(x_2)$ 成立时,则称函数 $f(x)$ 在区间 I 上是严格单调减少的.

单调增加和单调减少的函数统称为**单调函数**. 严格单调增加和严格单调减少的函数统称为**严格单调函数**.

如函数 $y = x^2$ 在区间 $(-\infty, 0]$ 上是严格单调减少的,在区间 $[0, +\infty)$ 上是严格单调增加的,在 $(-\infty, +\infty)$ 上不是单调函数.

容易看出,严格单调函数的图像与任一平行于 x 轴的直线至多有一个交点.

3. 函数的奇偶性

设函数 $f(x)$ 的定义域 D 关于原点对称(即若 $x \in D$,则 $-x \in D$). 如果对于任一 $x \in D$,有 $f(-x) = f(x)$,则称 $f(x)$ 为偶函数.

如果对于任一 $x \in D$,有 $f(-x) = -f(x)$,则称 $f(x)$ 为**奇函数**.

从函数图形上可以看出,偶函数的图形关于 y 轴对称,奇函数的图形关于原点对称.

如 $y = x^2, y = \cos x$ 都是偶函数,$y = x^3, y = \sin x$ 都是奇函数,$y = 0$ 既是奇函数也是偶函数,而 $y = \sin x + \cos x$ 既不是奇函数也不是偶函数.

4. 函数的周期性

设函数 $f(x)$ 的定义域为 D. 如果存在一个正数 T,使得对于任一 $x \in D$,有 $x \pm T \in D$,且 $f(x + T) = f(x)$,则称 $f(x)$ 为周期函数,称 T 为 $f(x)$ 的周期. 显然,若 T 为 $f(x)$ 的周期,则 nT(其中 $n \in \mathbf{Z}_+$)也为 $f(x)$ 的周期. 若在周期函数 $f(x)$ 的所有周期中有一个最小的周期,则称此周期为 $f(x)$ 的最小正周期,或简称为周期.

如 $y = \sin x, y = \cos x$ 的周期为 2π,$y = \tan x, y = \cot x$ 的周期为

π. 函数 $y = x - [x]$ 的周期为 1, 狄利克雷函数 $D(x)$ 以任何正有理数为其周期, 而常量函数 $y = C$(其中 C 为常值)是以任何正数为周期的周期函数. 可见, 周期函数不一定存在最小正周期.

容易看出, 在周期函数的定义域内每个长度为 T 的区间上, 函数图形的形状完全相同.

三、 反函数

函数 $y = f(x)$ 的自变量 x 与因变量 y 的关系往往是相对的, 有时我们不仅要研究 y 随 x 变化的状况, 也需要研究 x 随 y 变化的状况. 为此, 我们引入反函数的概念.

定义 5 设有函数 $y = f(x)$, $x \in D$, 若在函数的值域内任取一个 y 值时, 在函数的定义域内有且仅有一个 x 值与之对应, 则变量 x 是变量 y 的函数. 我们称此函数为 $y = f(x)$, $x \in D$ 的**反函数**. 一般记为 $x = f^{-1}(y)$, $y \in f(D)$.

注 (1) 由定义可知, 函数 $x = f^{-1}(y)$, $y \in f(D)$ 也是函数 $y = f(x)$, $x \in D$ 的反函数, 进一步地, $y = f(x)$, $x \in D$ 与 $x = f^{-1}(y)$, $y \in f(D)$ 互为反函数. 此外, 相对于反函数 $x = f^{-1}(y)$, $y \in f(D)$ 来说, 我们往往称原来的函数 $y = f(x)$, $x \in D$ 为直接函数.

(2) 在中学数学教材中已经指出, 习惯上, 我们可以把 $x = f^{-1}(y)$, $y \in f(D)$ 中的变量 x 与变量 y 对调, 这样, 函数 $y = f(x)$, $x \in D$ 的反函数就可以写为 $y = f^{-1}(x)$, $x \in f(D)$, 所以反函数的定义域就是其直接函数的值域, 反函数的值域就是其直接函数的定义域.

(3) 把函数 $y = f(x)$ 和它的反函数 $y = f^{-1}(x)$ 的图形画在同一坐标平面上, 这两个图形关于直线 $y = x$ 是对称的. 这是因为如果 $P(a, b)$ 是 $y = f(x)$ 图形上的点, 则有 $b = f(a)$. 按照反函数的定义, 有 $a = f^{-1}(b)$, 故 $Q(b, a)$ 是 $y = f^{-1}(x)$ 图形上的点; 反之, 若 $Q(b, a)$ 是 $y = f^{-1}(x)$ 图形上的点, 则 $P(a, b)$ 是 $y = f(x)$ 图形上的点. 显然, $P(a, b)$ 与 $Q(b, a)$ 是关于直线 $y = x$ 对称的, 所以反函数 $y = f^{-1}(x)$, $x \in f(D)$ 的图像与直接函数 $y = f(x)$, $x \in D$ 的图像关于直线 $y = x$ 对称.

(4) 可以证明, 若 $f(x)$ 是定义在 D 上的严格单调函数, 则 $f(x)$ 的反函数 $f^{-1}(x)$ 必定存在, 且 $f^{-1}(x)$ 也是 $f(D)$ 上的严格单调函数.

例 9 求 $y = 2^x$ 的反函数.

解 由 $y = 2^x$ 解得 $x = \log_2 y$. 将变量 x 与变量 y 对调, 得到所求的反函数为 $y = \log_2 x$, $x > 0$. 它们的图形在同一直角坐标系中是关于直线 $y = x$ 对称的. 如图 1-8 所示.

一般来说, $y = f(x)$, $x \in D$ 的反函数不一定都存在. 如 $y = x^2$, 其定义域为 $(-\infty, +\infty)$, 值域为 $[0, +\infty)$. 对于 y 取定的非负值, 可求得 $x = \pm\sqrt{y}$. 若我们不加条件, 由 y 的值就不能唯一确定 x 的值, 也

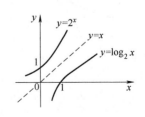

图 1-8

就是在区间$(-\infty,+\infty)$上,函数不是严格增(减)的,故其没有反函数. 如果我们加上限制条件$x\leqslant 0$,那么函数$y=x^2,x\leqslant 0$严格单调减少,进而存在反函数,容易求出它的反函数为$x=-\sqrt{y},y\geqslant 0$.

由于三角函数是周期函数,对于值域内的每个y值,都有无穷多个x值与之对应,故在整个定义域上三角函数不存在反函数. 但是,如果我们限制x的取值区间,使得三角函数在选取的区间上为严格单调函数时就可以建立其反函数,我们把在这样的严格单调区间上所建立起来的反函数称为**反三角函数**.

例10 (1) 求$y=\sin x,x\in\left[-\dfrac{\pi}{2},\dfrac{\pi}{2}\right]$的反函数;

(2) 求$y=\cos x,x\in[0,\pi]$的反函数;

(3) 求$y=\tan x,x\in\left(-\dfrac{\pi}{2},\dfrac{\pi}{2}\right)$的反函数;

(4) 求$y=\cot x,x\in(0,\pi)$的反函数.

解 (1) 由于$y=\sin x$在区间$\left[-\dfrac{\pi}{2},\dfrac{\pi}{2}\right]$上单调增加,值域为$[-1,1]$. 进而解得$x=\arcsin y$. 将变量$x$与变量$y$对调,于是所求的反函数为$y=\arcsin x,x\in[-1,1]$(一般称之为反正弦函数),它的定义域是$[-1,1]$,值域为$\left[-\dfrac{\pi}{2},\dfrac{\pi}{2}\right]$. 反正弦函数与正弦函数的图形在同一直角坐标系中是关于直线$y=x$对称的. 如图1-9所示.

(2) 由于$y=\cos x$在区间$[0,\pi]$上单调减少,值域为$[-1,1]$. 进而解得$x=\arccos y$. 将变量x与变量y对调,于是所求的反函数为$y=\arccos x,x\in[-1,1]$(一般称为反余弦函数),它的定义域是$[-1,1]$,值域为$[0,\pi]$. 反余弦函数与余弦函数的图形在同一直角坐标系中是关于直线$y=x$对称的. 如图1-10所示.

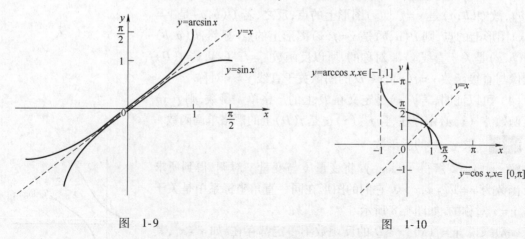

图 1-9   图 1-10

(3) 由于$y=\tan x$在区间$\left(-\dfrac{\pi}{2},\dfrac{\pi}{2}\right)$上单调增加,值域为$(-\infty,+\infty)$.

进而解得 $x = \arctan y$. 将变量 x 与变量 y 对调,于是所求的反函数为 $y = \arctan x, x \in (-\infty, +\infty)$(一般称之为反正切函数),它的定义域是 $(-\infty, +\infty)$,值域为 $\left(-\dfrac{\pi}{2}, \dfrac{\pi}{2} \right)$. 反正切函数与正切函数的图形在同一直角坐标系中是关于直线 $y = x$ 对称的. 如图 1-11 所示.

（4）由于 $y = \cot x$ 在区间 $(0, \pi)$ 上单调减少,值域为 $(-\infty, +\infty)$. 进而解得 $x = \text{arccot } y$. 将变量 x 与变量 y 对调,于是所求的反函数为 $y = \text{arccot } x, x \in (-\infty, +\infty)$(一般称之为反余切函数),它的定义域是 $(-\infty, +\infty)$,值域为 $(0, \pi)$. 反余切函数与余切函数的图形在同一直角坐标系中是关于直线 $y = x$ 对称的. 如图 1-12 所示.

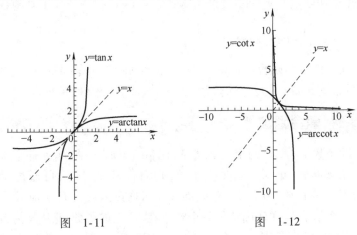

图 1-11　　　　　　图 1-12

综上,反三角函数的性质如表 1-3 所示:

表 1-3　反三角函数的性质

函数	$y = \arcsin x$	$y = \arccos x$	$y = \arctan x$	$\text{arccot } x$
定义域	$[-1, 1]$	$[-1, 1]$	$(-\infty, +\infty)$	$(-\infty, +\infty)$
值域	$\left[-\dfrac{\pi}{2}, \dfrac{\pi}{2} \right]$	$[0, \pi]$	$\left(-\dfrac{\pi}{2}, \dfrac{\pi}{2} \right)$	$(0, \pi)$
单调性	增函数	减函数	增函数	减函数
自消性	$\sin(\arcsin x) = x$ $\|x\| \leqslant 1$	$\cos(\arccos x) = x$ $\|x\| \leqslant 1$	$\tan(\arctan x) = x$ $-\infty < x < +\infty$	$\cot(\text{arccot } x) = x$ $-\infty < x < +\infty$
	$\arcsin(\sin y) = y$ $-\dfrac{\pi}{2} \leqslant y \leqslant \dfrac{\pi}{2}$	$\arccos(\cos y) = y$ $0 \leqslant y \leqslant \pi$	$\arctan(\tan y) = y$ $-\dfrac{\pi}{2} < y < \dfrac{\pi}{2}$	$\text{arccot}(\cot y) = y$ $0 < y < \pi$

四、　基本初等函数

至此,初等数学中讨论的函数大多是由下列最常见的六种函数构成的,它们分别是:常量函数、幂函数、指数函数、对数函数、三角函数及反三角函数. 通常,我们将上述六类函数统称为基本初等函数.
具体如下:

(1) 常量函数: $y = C$(C 是常数);

(2) 幂函数: $y = x^\mu$($\mu \in \mathbf{R}$ 是常数);

(3) 指数函数: $y = a^x$($a > 0$ 且 $a \neq 1$);

(4) 对数函数: $y = \log_a x$($a > 0$ 且 $a \neq 1$);

特别地,当 $a = \mathrm{e}$ 时,记为 $y = \ln x$(自然对数);当 $a = 10$ 时,记为
$y = \lg x$(常用对数);

(5) 三角函数: $y = \sin x$(正弦函数), $y = \cos x$(余弦函数), $y = \tan x$(正切函数), $y = \cot x$(余切函数), $y = \sec x = \dfrac{1}{\cos x}$(正割函数),
$y = \csc x = \dfrac{1}{\sin x}$(余割函数);

(6) 反三角函数: $y = \arcsin x$(反正弦函数), $y = \arccos x$(反余弦函数), $y = \arctan x$(反正切函数), $y = \operatorname{arccot} x$(反余切函数).

五、 复合函数

设函数 $y = f(u)$ 的定义域为 E,函数 $u = g(x)$ 在 D 上有定义且
$g(D) \cap E \neq \varnothing$,记 $E^* = g(D) \cap E$,则对任意 $x \in E^*$,可通过函数
$g(x)$ 对应 D 内唯一的一个值 u,而 u 又可通过函数 $f(u)$ 对 E 内唯
一的一个值 y. 这样就确定了一个定义在 E^* 上的函数,它以 x 为自变
量,y 为因变量,记作 $y = f(g(x))$, $x \in E^*$. 我们称此函数为由函数
$u = g(x)$ 和函数 $y = f(u)$ 构成的复合函数,u 称为中间变量,也可称
$f(u)$ 为外函数、$g(x)$ 为内函数.

注 (1) $u = g(x)$ 和函数 $y = f(u)$ 构成的复合函数 $f(g(x))$ 的
条件是:函数 $g(x)$ 在 D 上的值域 $g(D)$ 必须与 $f(u)$ 的定义域 E 的交
集非空. 否则,不能构成复合函数,即不是任意两个函数都能构成复
合函数的.

如 $y = f(u) = \arcsin u$ 与 $u = g(x) = \sqrt{1 - x^2}$ 可以构成复合函数
$y = \arcsin \sqrt{1 - x^2}$, $x \in [-1, 1]$. 因为 $f(u)$ 的定义域是 $[-1, 1]$, $g(x)$
的值域是 $[0, 1]$,显然 $[-1, 1] \cap [0, 1] \neq \varnothing$.

但函数 $y = f(u) = \arcsin u$ 和函数 $u = g(x) = 2 + x^2$ 不能构成复
合函数,这是因为 $f(u)$ 的定义域是 $[-1, 1]$, $g(x)$ 的值域是 $[2, +\infty)$,
显然 $[-1, 1] \cap [2, +\infty) = \varnothing$.

(2) 复合函数可以由两个以上的函数经过复合构成.

如由三个函数 $y = \sqrt{u}$, $u = \cot v$, $v = \dfrac{x}{2}$ 可以构成复合函数
$y = \sqrt{\cot \dfrac{x}{2}}$.

六、 函数的四则运算

设函数 $f(x)$ 和 $g(x)$ 的定义域依次为 D_1 和 D_2，$D = D_1 \cap D_2 \neq \varnothing$，则我们可以定义这两个函数的下列运算：

和（差）$f \pm g$：$(f \pm g)(x) = f(x) \pm g(x)$，$x \in D$；

积 $f \cdot g$：　　$(f \cdot g)(x) = f(x) \cdot g(x)$，$x \in D$；

商 f/g：　　$\left(\dfrac{f}{g}\right)(x) = \dfrac{f(x)}{g(x)}$，$x \in D \setminus \{x \mid g(x) = 0\}$．

例 11 设函数 $f(x)$ 的定义域为 $(-l, l)$，证明：必存在 $(-l, l)$ 上的偶函数 $g(x)$ 及奇函数 $h(x)$，使得 $f(x) = g(x) + h(x)$．

证 令 $g(x) = \dfrac{1}{2}[f(x) + f(-x)]$，$h(x) = \dfrac{1}{2}[f(x) - f(-x)]$，则 $f(x) = g(x) + h(x)$，

这里 $g(-x) = \dfrac{1}{2}[f(-x) + f(x)] = g(x)$，即 $g(x)$ 为偶函数．

$$h(-x) = \frac{1}{2}[f(-x) - f(x)] = -\frac{1}{2}[f(x) - f(-x)] = -h(x)，$$

即 $h(x)$ 为奇函数．

七、 初等函数

由基本初等函数经过有限次的四则运算和有限次的函数复合构成并可用一个式子表示的函数，称为**初等函数**．

如 $y = \sin^2 x$，$y = \ln(1 + \sqrt{1 + x^2})$，$y = \sqrt{\cot\dfrac{x}{2}}$，$y = \mathrm{e}^{\frac{1}{\sin x}}$，$y = |x| = \sqrt{x^2}$ 等都是初等函数．容易看出 $P_n(x) = a_0 + a_1 x + a_2 x^2 + \cdots + a_n x^n$（这里 $a_i \in \mathbf{R}$，$i = 0, 1, 2, \cdots, n$，其中，$n \in \mathbf{N}$ 且 $a_n \neq 0$）是初等函数（该函数由常量函数和幂函数构成，我们通常称该函数为 n 次多项式函数，a_i 称为多项式的系数）；进一步地，函数 $f(x) = \dfrac{P_n(x)}{Q_m(x)}$ [其中 $P_n(x)$ 和 $Q_m(x)$ 分别为 n 次多项式函数和 m 次多项式函数]也是初等函数，通常称 $f(x) = \dfrac{P_n(x)}{Q_m(x)}$ 为有理函数．

此外，对于函数 $f(x)^{g(x)}$ [其中 $f(x)$ 和 $g(x)$ 均为初等函数，且 $f(x) > 0$]，我们由对数恒等式可知 $f(x)^{g(x)} = \mathrm{e}^{\ln f(x)^{g(x)}} = \mathrm{e}^{g(x) \ln f(x)}$，可见 $f(x)^{g(x)}$ 为初等函数，以后我们把称形如 $f(x)^{g(x)}$ 的函数称为幂指函数．

习题一

（A）组

1. 求下列函数的定义域：

（1）$f(x) = \sqrt{\dfrac{3-x}{x+2}}$；　　（2）$y = \ln(x^2 - 3x + 2)$；

（3）$f(x) = \dfrac{\sqrt{x+1}}{\ln(2-x)}$；　　（4）$y = \arcsin(2x - 3)$；

（5）$f(x) = \dfrac{\sqrt{4 - x^2}}{x^2 - 4x + 3}$；　（6）$y = \lg(5 - x) + \arcsin\dfrac{x-1}{6} + \dfrac{1}{\sqrt{x+1}}$.

2. 下列各题中，函数 $f(x)$ 与 $g(x)$ 是否相同，为什么？

（1）$f(x) = 1$ 与 $g(x) = \dfrac{x}{x}$；

（2）$f(x) = 2\ln x$ 与 $g(x) = \ln x^2$；

（3）$f(x) = \sqrt{1 - \cos^2 x}$ 与 $g(x) = \sin x$；

（4）$f(x) = \tan^2 x$ 与 $g(x) = \sec^2 x - 1$；

（5）$f(x) = x$ 与 $g(x) = \sqrt{x^2}$；

（6）$f(x) = x$ 与 $g(x) = e^{\ln x}$；

（7）$f(x) = \sqrt{x(x-1)}$ 与 $g(x) = \sqrt{x} \cdot \sqrt{x-1}$；

（8）$f(x) = 1$ 与 $g(x) = \cos^2 x + \sin^2 x$.

3. 求下列函数值：

（1）设 $f(x) = \arcsin(\ln x)$，求 $f\left(\dfrac{1}{e}\right)$，$f(1)$，$f(e)$；

（2）设 $f(x) = \begin{cases} 2x + 3, & x \leqslant 0 \\ 2^x, & x > 0 \end{cases}$，求 $f(-2)$，$f(0)$，$f(2)$，$f(f(-1))$；

（3）设 $f(x) = \begin{cases} x^2, & x \geqslant 0 \\ x, & x < 0 \end{cases}$，$g(x) = 5x - 4$，求 $f(g(0))$.

4. 讨论下列函数的单调性：

（1）$f(x) = x^3$；　　　　　　（2）$f(x) = |x + 1|$，$x \in [-3, 1]$.

5. 讨论下列函数是否有界：

（1）$f(x) = \arctan x$；　　　（2）$f(x) = \sin\dfrac{1}{x}$；

（3）$f(x) = \dfrac{x^2}{x^2 + 1}$；　　　（4）$f(x) = e^{-x^2}$.

6. 讨论下列函数的奇偶性：

（1）$f(x) = x^4 + 3x^2 - 1$；　　（2）$f(x) = x + \sin x$；

(3) $f(x) = (1-x)\sqrt{\dfrac{1+x}{1-x}}$；　(4) $f(x) = \lg(x + \sqrt{1+x^2})$.

7. 判别下列函数是否为周期函数，若是周期函数，求出其周期.

(1) $f(x) = \sin x + \cos x$；　　　(2) $f(x) = |\sin x|$；

(3) $f(x) = \tan 3x$；　　　　　(4) $f(x) = x\sin x$.

8. 求下列函数的反函数：

(1) $y = \dfrac{1-x}{1+x}$；　　　　　(2) $y = x^2, x < 0$；

(3) $y = 2\sin 3x, -\dfrac{\pi}{6} \leqslant x \leqslant \dfrac{\pi}{6}$；　(4) $y = 1 + \ln(x+2)$.

9. 设 $f(x) = 2^x, g(x) = x^2$ 求 $f(f(x)), f(g(x)), g(f(x)), g(g(x))$.

10. 指出下列函数的复合过程：

(1) $y = \sin 5x$；　(2) $y = (1+x)^{20}$；　(3) $y = e^{\frac{1}{x}}$；

(4) $y = \sin^2 x$；　(5) $y = \ln(\cos x^2)$；　(6) $y = \ln(\sin\sqrt{x})$；

(7) $y = e^{\arctan\frac{1}{x}}$；　(8) $y = \arctan(\cos^3(1+x^2))$.

（B）组

1. 函数 $y = f(x)$ 的定义域是 $[1,5]$，求 $f(x^2+1)$ 的定义域.

2. 设函数 $f(x) = \dfrac{x}{\sqrt{1+x^2}}$，求 $f(f(x))$，$f(\underbrace{f(\cdots f(x))}_{n\text{次}})$.

3. 设 $f(x) = \begin{cases} 2, & x \leqslant 0 \\ x^2, & x > 0 \end{cases}$ 与 $g(x) = \begin{cases} -x^2, & x \leqslant 0 \\ x^3, & x > 0 \end{cases}$，求 $f(g(x))$.

4. 已知函数 $f(\sin x) = 1 + \cos 2x$，求 $f(\cos x)$.

5. 设函数 $f(x)$ 为 $[-a,a]$ 上的奇（偶）函数，证明：若 $f(x)$ 在区间 $[0,a]$ 上单调增加，则 $f(x)$ 在区间 $[-a,0]$ 上单调增加（单调减少）.

6. 设函数 $f(x)$ 在数集 D 上有定义，证明：$f(x)$ 在 D 上有界的充分必要条件是它在 D 上既有上界又有下界.

★ 习题一参考答案
见本页二维码

第二章

极限与连续

第一节　数列极限

　　我们在预备知识中已经指出,微积分研究的对象主要是函数,在中学数学课程中已经讨论过的数列可以视为自变量为正整数的一类特殊函数,因此,我们可以先讨论数列的极限,然后再进一步研究函数的极限.

一、数列的概念与性质

1. 数列的概念

　　如果按照某一法则,使得任何一个正整数对应一个确定的实数 x_n,这样就得到一列按下标 n 从小到大的次序排列的数 $x_1,x_2,x_3,\cdots,x_n,\cdots$,我们把这种序列称作数列,记为 $\{x_n\}$,其中 x_n 叫作数列 $\{x_n\}$ 的一般项或通项.

　　注　我们也可以把数列 $\{x_n\}$ 看作自变量为正整数 n 的函数 $f(n),n\in\mathbf{N}_+$.

　　例如:$\left\{\dfrac{1}{n}\right\}$:$1,\dfrac{1}{2},\dfrac{1}{3},\cdots,\dfrac{1}{n},\cdots$;

　　$\left\{\dfrac{n}{n+1}\right\}$:$\dfrac{1}{2},\dfrac{2}{3},\dfrac{3}{4},\cdots,\dfrac{n}{n+1},\cdots$;

　　$\left\{\dfrac{1}{2^n}\right\}$:　$\dfrac{1}{2},\dfrac{1}{4},\dfrac{1}{8},\cdots,\dfrac{1}{2^n},\cdots$;

　　$\{(-1)^{n-1}\}$:$1,-1,1,\cdots,(-1)^{n-1},\cdots$;

　　$\left\{\dfrac{n+(-1)^{n-1}}{n}\right\}$:$2,\dfrac{1}{2},\dfrac{4}{3},\cdots,\dfrac{n+(-1)^{n-1}}{n},\cdots$;

　　$\{n\}$:$1,2,3,\cdots,n,\cdots$;

　　$\left\{1+\dfrac{1}{1\cdot2}+\dfrac{1}{2\cdot3}+\cdots+\dfrac{1}{n(n+1)}\right\}$:$1,1+\dfrac{1}{1\cdot2},\cdots,1+\dfrac{1}{1\cdot2}+$

$$\frac{1}{2 \cdot 3} + \cdots + \frac{1}{n(n+1)}, \cdots.$$

2. 数列的几种特性

（1）数列的有界性

对于数列 $\{x_n\}$，若存在常数 K_1，对于任意 $n \in \mathbf{N}_+$，都有 $x_n \leqslant K_1$，则称数列 $\{x_n\}$ 有上界，并称 K_1 为数列 $\{x_n\}$ 的一个上界．此时数列 $\{x_n\}$ 在数轴上所对应的点总在点 K_1 的左方．

对于数列 $\{x_n\}$，若存在常数 K_2，对于任意 $n \in \mathbf{N}_+$，都有 $x_n \geqslant K_2$，则称数列 $\{x_n\}$ 有下界，并称 K_2 为数列 $\{x_n\}$ 的一个下界．此时数列 $\{x_n\}$ 在数轴上所对应的点总在点 K_2 的右方．

对于数列 $\{x_n\}$，若存在常数 M，对于任意 $n \in \mathbf{N}_+$，都有 $|x_n| \leqslant M$，则称数列 $\{x_n\}$ 有界，此时数列 $\{x_n\}$ 在数轴上所对应的点在区间 $[-M, M]$ 内．若这样的正数 M 不存在，则称数列 $\{x_n\}$ 是无界的．

如数列 $\{(-1)^{n-1}\}$ 有界（因为 $|(-1)^{n-1}| \leqslant 1$），数列 $\left\{1 + \frac{1}{1 \cdot 2} + \frac{1}{2 \cdot 3} + \cdots + \frac{1}{n(n+1)}\right\}$ 有上界（易知 $x_n = 1 + \left(1 - \frac{1}{2}\right) + \left(\frac{1}{2} - \frac{1}{3}\right) + \cdots + \left(\frac{1}{n} - \frac{1}{n+1}\right) = 1 - \frac{1}{n+1} \leqslant 1$），数列 $\left\{\underbrace{\sqrt{2 + \sqrt{2 + \cdots + \sqrt{2}}}}_{n \text{根}}\right\}$ 有上界（可以证明 2 为其上界）．

（2）数列的单调性

若总有 $x_n \leqslant x_{n+1}$，则称数列 $\{x_n\}$ 是单调增加的；若总有 $x_n \geqslant x_{n+1}$，则称数列 $\{x_n\}$ 是单调减少的．单调增加和单调减少的数列统称为单调数列．

如数列 $\left\{\frac{1}{n^2}\right\}$ 是单调减少的；数列 $\left\{\underbrace{\sqrt{2 + \sqrt{2 + \cdots + \sqrt{2}}}}_{n \text{根}}\right\}$ 是单调增加的．（事实上，记 $x_n = \underbrace{\sqrt{2 + \sqrt{2 + \cdots + \sqrt{2}}}}_{n \text{根}}$，这里 $x_1 = \sqrt{2}$，$x_2 = \sqrt{2 + \sqrt{2}}, \cdots$，故 $x_{n+1} = \sqrt{2 + x_n}$，由于 $x_{n+1} - x_n = \sqrt{2 + x_n} - \sqrt{2 + x_{n-1}} = \frac{x_n - x_{n-1}}{\sqrt{2 + x_n} + \sqrt{2 + x_{n-1}}}$，从而可知 $x_{n+1} - x_n$ 与 $x_2 - x_1$ 符号性相同．）

（3）数列的子列

对于数列 $\{x_n\}$，如果从中任意抽取它的无限多项并且保持这些项在原数列 $\{x_n\}$ 中的先后次序，我们得到的新的数列称为原数列 $\{x_n\}$ 的一个子数列（或子列），记为 $\{x_{n_k}\}$，这里 x_{n_k} 表示子列 $\{x_{n_k}\}$ 中的第 k 项，它在原数列中为 n_k 项，显然，$n_k \geqslant k$．

特别地，在数列 $\{x_n\}$ 中选取下标为奇数的所有项得到的子列称为数列 $\{x_n\}$ 的奇子列，记为 $\{x_{2k-1}\}$，在数列 $\{x_n\}$ 中选取下标为偶数的所有项得到的子列称为数列 $\{x_n\}$ 的偶子列，记为 $\{x_{2k}\}$．

如$\{(-1)^{n-1}\}$的奇子列为$\{x_{2k-1}\}$:1,1,1,$\cdots$,1,$\cdots$;

$\{(-1)^{n-1}\}$的偶子列为$\{x_{2k}\}$:$-1,-1,-1,\cdots,-1,\cdots$.

二、 数列的极限

1. 极限思想

关于数列极限,我们先看下面的例子:

例1 中国古代哲学家庄周所著的《庄子·天下篇》中有这样一句话"一尺之棰,日取其半,万世不竭",其含义是:一根长为一尺的木棒,每天截下一半,这样的过程可以无限制地进行下去. 这里我们可以看出,每天取下的长度$\dfrac{1}{2},\dfrac{1}{4},\dfrac{1}{8},\cdots,\dfrac{1}{2^n},\cdots$是一个数列,通项为$x_n=\dfrac{1}{2^n}$.不难看出,当$n$无限增大时,通项$\dfrac{1}{2^n}$无限接近于常数0.

例2 中国古代数学家刘徽在《九章算术注》中的"圆田术"的注中提出"割圆术"(见图2-1).他指出"假令圆径二尺,圆中容六觚(即正六边形)之一面,与圆径之半,其数均等.合径率一而觚周率三也.又按为图,以六觚之一面乘半径,四分取二,因而六之,得十二觚之幂.若又割之,次以十二觚之一面乘半径,四分取四,因而六之,则得二十四觚之幂.割之弥细,所失弥少.割之又割,以至于不可割,则与圆合体,而无所失矣".

也就是说,将六边形一边的长度乘以圆半径,再乘3,得十二边形的面积.将十二边形的一边长乘半径,再乘6,得二十四边形面积.越割越细,多边形和圆面积的差越小.如此割了再割,最后终于和圆合为一体,毫无差别了.

事实上,设有一圆,我们首先作圆内接正六边形,把它的面积记为A_1;再作圆的内接正十二边形,其面积记为A_2;再作圆的内接正二十四边形,其面积记为A_3;把内接正$6\times 2^{n-1}$边形的面积记为A_n,这样的过程可以无限制地进行下去,可得一系列内接正多边形的面积:$A_1,A_2,A_3,\cdots,A_n,\cdots$构成一个数列.不难看出,当$n$无限增大时,内接正多边形无限接近于圆,同时$A_n$也无限接近于某一确定的数值(圆的面积).

以上考察n无限增大时,数列通项x_n无限接近于某个常数a的思想就是数列极限的思想.

2. 数列极限的定义

定义1 对于数列$\{x_n\}$,若当n无限增大时,数列的通项x_n无限接近于某一确定的数值a,则称常数a是数列$\{x_n\}$的极限,或称数列$\{x_n\}$收敛于a. 记为$\lim\limits_{n\to\infty}x_n=a$,或$x_n\to a(n\to\infty)$.若数列没有极限,则称数列$\{x_n\}$不收敛,或称数列$\{x_n\}$发散.

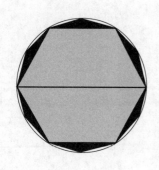

图 2-1

通过定义 1 显然可知常数列 $x_n = C$(这里 C 为常数)收敛于 C,我们可记为 $\lim\limits_{n\to\infty} C = C$;再例如,当 n 无限增大时,$x_n = \dfrac{1}{2^n}$ 收敛于 0,我们可记为 $\lim\limits_{n\to\infty}\dfrac{1}{2^n} = 0$;当 n 无限增大时,$x_n = \dfrac{(-1)^n}{n}$ 收敛于 0,我们可记为 $\lim\limits_{n\to\infty}\dfrac{(-1)^n}{n} = 0$.

事实上,数列 $\{x_n\}$ 的极限是 a 可以理解为当 n 无限增大时(也就是数列的项数无限增大时),通项 x_n 的值无限接近于常数 a,即通项 x_n 与 a 的距离(也就是 $|x_n - a|$)无限接近于 0. 换言之,当 n 无限增大时,通项 x_n 与 a 的距离可以任意小. 但是,"无限增大""可以任意小"的确切意义是什么呢? 或者说,它们又该如何用严格的数学语言来表达呢? 为此,我们用"ε-N"语言来精确叙述如下:

定义 1'(数列极限的格式化定义) 对于数列 $\{x_n\}$,若存在常数 a,对于任意给定的任意小的正数 $\varepsilon > 0$,总存在正整数 N,使得当 $n > N$ 时,总有 $|x_n - a| < \varepsilon$ 成立,则称常数 a 是数列 $\{x_n\}$ 的极限,或称数列 $\{x_n\}$ 收敛于 a. 记为 $\lim\limits_{n\to\infty} x_n = a$,或 $x_n \to a$ $(n \to \infty)$. 若数列没有极限,则称数列 $\{x_n\}$ 不收敛,或称数列 $\{x_n\}$ 发散.

例 3 证明:$\lim\limits_{n\to\infty}\dfrac{1}{n} = 0$.

证 对任意小的正数 $\varepsilon > 0$,要使 $\left|\dfrac{1}{n} - 0\right| = \dfrac{1}{n} < \varepsilon$ 成立,只需 $n > \dfrac{1}{\varepsilon}$ 成立即可. 故对于任意小的正数 $\varepsilon > 0$,只要取 $N = \left[\dfrac{1}{\varepsilon}\right]$,当 $n > N$ 时,便有 $\left|\dfrac{1}{n} - 0\right| < \varepsilon$ 成立. 因此,根据定义 1' 可知 $\lim\limits_{n\to\infty}\dfrac{1}{n} = 0$.

事实上,类似可证得 $\lim\limits_{n\to\infty}\dfrac{1}{n^a} = 0$(这里 a 为正常数).

例 4 证明:$\lim\limits_{n\to\infty}\dfrac{1}{2^n} = 0$.

证 对任意小的正数 $\varepsilon > 0$,要使 $\left|\dfrac{1}{2^n} - 0\right| = \dfrac{1}{2^n} < \varepsilon$ 成立,也就是 $2^n > \dfrac{1}{\varepsilon}$ 成立,此时便有 $n > \log_2\dfrac{1}{\varepsilon}$(为保证 $\log_2\dfrac{1}{\varepsilon}$ 为正数,不妨限定 $0 < \varepsilon < 1$). 这样对于任意小的正数 $\varepsilon > 0$,只要取 $N = \left[\log_2\dfrac{1}{\varepsilon}\right]$,当 $n > N$ 时,便有 $\left|\dfrac{1}{2^n} - 0\right| < \varepsilon$ 成立. 因此,根据定义 1' 可知 $\lim\limits_{n\to\infty}\dfrac{1}{2^n} = 0$.

进一步,可证得 $\lim\limits_{n\to\infty} q^n = 0$(这里 $|q| < 1$).(请读者自行证明)

例 5 证明:$\lim\limits_{n\to\infty}\sqrt[n]{a} = 1$(这里 a 为正常数).

证 当 $a = 1$ 时,结论显然成立.

不妨设 $a > 1$ 时,对任意小的正数 $\varepsilon > 0$,要使 $|\sqrt[n]{a} - 1| = \sqrt[n]{a} - 1 < \varepsilon$ 成立,也就是 $a < (1 + \varepsilon)^n = 1 + C_n^1 \varepsilon + C_n^2 \varepsilon^2 + \cdots + C_n^n \varepsilon^n$ 成立,此时只需 $a < C_n^1 \varepsilon = n\varepsilon$ 成立(即 $n > \dfrac{a}{\varepsilon}$ 成立)即可. 这样对于任意小的正数 $\varepsilon > 0$,只要取 $N = \left[\dfrac{a}{\varepsilon}\right]$,当 $n > N$ 时,便有 $|\sqrt[n]{a} - 1| < \varepsilon$ 成立. 因此,根据定义 $1'$ 可知 $\lim\limits_{n \to \infty} \sqrt[n]{a} = 1$.

对于 $0 < a < 1$ 的情形,其证明不再赘述.

如果把数列 $\{x_n\}$ 中每一项都用数轴上的点来表示,数列 $\{x_n\}$ 的极限为 a 的几何解释可表述为:在数轴上作点 a 的 ε 邻域,即开区间 $(a - \varepsilon, a + \varepsilon)$,因不等式 $|x_n - a| < \varepsilon$ 与不等式 $a - \varepsilon < x_n < a + \varepsilon$ 等价,故 $n > N$ 时,所有的点 x_n 都落在开区间 $(a - \varepsilon, a + \varepsilon)$ 内,而至多只有有限个(至多只有 N 个)在该区间之外(见图 2-2).

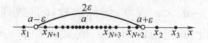

图 2-2

由此,我们可以写出数列极限的另一种等价定义如下:

定义 $1''$ 对于数列 $\{x_n\}$,若存在常数 a,对于任意给定的任意小的正数 $\varepsilon > 0$,若在点 a 的 ε 邻域[即开区间 $(a - \varepsilon, a + \varepsilon)$]之外,数列 $\{x_n\}$ 中的项至多只有有限个,则称常数 a 是数列 $\{x_n\}$ 的极限,或称数列 $\{x_n\}$ 收敛于 a.

此外,由定义 $1''$ 可知,若存在某个 $\varepsilon_0 > 0$,使得数列 $\{x_n\}$ 中有无穷多个项落在点 a 的 ε_0 邻域(即开区间 $(a - \varepsilon_0, a + \varepsilon_0)$)之外,则数列 $\{x_n\}$ 一定不以 a 为极限.

例如,数列 $\{(-1)^n\}$ 为发散数列(事实上,根据定义 $1''$,容易验证 1 和 -1 都不是 $\{(-1)^n\}$ 的极限).

3. 收敛数列的性质

性质 1(唯一性) 若数列 $\{x_n\}$ 收敛,则它的极限必唯一.

证 假设同时有 $\lim\limits_{n \to \infty} x_n = a$ 及 $\lim\limits_{n \to \infty} x_n = b$. 下证 $a = b$.

根据数列极限的定义 $1'$ 可知,$\lim\limits_{n \to \infty} x_n = a \Leftrightarrow$ 对于任意小的正数 $\varepsilon > 0$,总存在正整数 N_1,使得当 $n > N_1$ 时,总有 $|x_n - a| < \varepsilon$ 成立;类似地,$\lim\limits_{n \to \infty} x_n = b \Leftrightarrow$ 对于任意小的正数 $\varepsilon > 0$,总存在正整数 N_2,使得当 $n > N_2$ 时,总有 $|x_n - b| < \varepsilon$ 成立. 取 $N = \max\{N_1, N_2\}$,当 $n > N$ 时,同时有 $|x_n - a| < \varepsilon$ 及 $|x_n - b| < \varepsilon$. 于是,当 $n > N$ 时,$|a - b| = |(x_n - b) - (x_n - a)| \leqslant |x_n - b| + |x_n - a| < \varepsilon + \varepsilon = 2\varepsilon$,由第一章第

二节例 2 知 $a=b$.

另外,结合收敛数列的几何意义,若数列 $\{x_n\}$ 收敛于 a,我们容易观察到当 $n>N$ 时,所有的点 x_n 都落在开区间 $(a-\varepsilon,a+\varepsilon)$ 内,即数列 $\{x_n\}$ 中所有下标大于 N 的项均满足不等式 $a-\varepsilon<x_n<a+\varepsilon$,这样便有 $|x_n|=|x_n-a+a|\leqslant|x_n-a|+|a|<\varepsilon+|a|$. 因此,取 $M=\max\{|x_1|,|x_2|,\cdots,|x_N|,\varepsilon+|a|\}$,于是,对于任意 $n\in\mathbf{N}_+$,有 $|x_n|\leqslant M$,即数列 $\{x_n\}$ 有界.

性质 2(有界性)　若数列 $\{x_n\}$ 收敛,则数列 $\{x_n\}$ 有界.

注　(1) 该性质的等价命题是:若数列 $\{x_n\}$ 无界,则数列 $\{x_n\}$ 发散. 例如数列 $\{n\}$.

(2) 数列有界仅是数列收敛的必要条件,不是充分条件,即数列有界也未必收敛. 例如数列 $\{(-1)^n\}$ 有界,但它发散.

性质 3(保号性)　若数列 $\{x_n\}$ 收敛于 a,且 $a>0$(或 $a<0$),则存在正整数 N,当 $n>N$ 时,有 $x_n>0$(或 $x_n<0$).

证　仅证 $a>0$ 的情形. 由数列极限的定义,对 $\varepsilon=\dfrac{a}{2}>0$,存在 $N\in\mathbf{N}_+$,当 $n>N$ 时,有 $|x_n-a|<\dfrac{a}{2}$,从而 $x_n>a-\dfrac{a}{2}=\dfrac{a}{2}>0$.

推论 1　若数列 $\{x_n\}$ 从某项起有 $x_n\geqslant0$(或 $x_n\leqslant0$),且数列 $\{x_n\}$ 收敛于 a,则 $a\geqslant0$(或 $a\leqslant0$).

推论 2　设 $\lim\limits_{n\to\infty}x_n=a$,$\lim\limits_{n\to\infty}y_n=b$,并且从某项起有 $x_n\geqslant y_n$,则 $a\geqslant b$.

性质 4(收敛数列与其子数列间的关系)　如果数列 $\{x_n\}$ 收敛于 a,那么它的任一子数列也收敛,且极限也是 a.(证明略)

注　由性质 4 可知,若数列有两个子数列收敛于不同的极限,则原数列一定发散. 例如,数列 $\{(-1)^n\}$,它的奇子列收敛于 -1,偶子列收敛于 1,故数列 $\{(-1)^n\}$ 发散.

4. 收敛数列的四则运算法则

定理　设 $\lim\limits_{n\to\infty}x_n=a$,$\lim\limits_{n\to\infty}y_n=b$,则

(1) $\lim\limits_{n\to\infty}(x_n\pm y_n)=\lim\limits_{n\to\infty}x_n\pm\lim\limits_{n\to\infty}y_n=a\pm b$;

(2) $\lim\limits_{n\to\infty}(x_n\cdot y_n)=\left(\lim\limits_{n\to\infty}x_n\right)\left(\lim\limits_{n\to\infty}y_n\right)=a\cdot b$;

(3) $\lim\limits_{n\to\infty}\dfrac{x_n}{y_n}=\dfrac{\lim\limits_{n\to\infty}x_n}{\lim\limits_{n\to\infty}y_n}=\dfrac{a}{b}$(这里 $b\neq0$).

证　(1) 仅证 $\lim\limits_{n\to\infty}(x_n+y_n)=a+b$.

根据数列极限的定义 $1'$ 可知,$\lim\limits_{n\to\infty}x_n=a\Leftrightarrow$ 对于任意小的正数 $\varepsilon>0$,总存在正整数 N_1,使得当 $n>N_1$ 时,总有 $|x_n-a|<\varepsilon$ 成立;类似

地，$\lim\limits_{n\to\infty}y_n=b\Leftrightarrow$对于任意小的正数 $\varepsilon>0$，总存在正整数 N_2，使得当 $n>N_2$时，总有 $|y_n-b|<\varepsilon$ 成立．取 $N=\max\{N_1,N_2\}$，当 $n>N$ 时，同时有 $|x_n-a|<\varepsilon$ 及 $|y_n-b|<\varepsilon$．于是，当 $n>N$ 时，$|(x_n+y_n)-(a+b)|=|(x_n-a)+(y_n-b)|\leqslant|x_n-a|+|y_n-b|<2\varepsilon$，再根据数列极限的定义 1′可知 $\lim\limits_{n\to\infty}(x_n+y_n)=a+b$．

（2）根据数列极限的定义 1′可知，$\lim\limits_{n\to\infty}x_n=a\Leftrightarrow$对于任意小的正数 $\varepsilon>0$，总存在正整数 N_1，使得当 $n>N_1$时，总有 $|x_n-a|<\varepsilon$ 成立；类似地，$\lim\limits_{n\to\infty}y_n=b\Leftrightarrow$对于任意小的正数 $\varepsilon>0$，总存在正整数 N_2，使得当 $n>N_2$时，总有 $|y_n-b|<\varepsilon$ 成立．再利用收敛数列性质 2 可知，存在 $M>0$，对于任意 $n\in\mathbf{N}_+$，有 $|y_n|\leqslant M$．取 $N=\max\{N_1,N_2\}$，当 $n>N$ 时，同时有 $|x_n-a|<\varepsilon$ 及 $|y_n-b|<\varepsilon$．于是，当 $n>N$ 时，$|x_n\cdot y_n-ab|=|(x_n\cdot y_n-ay_n)+(ay_n-ab)|=|(x_n-a)y_n+a(y_n-b)|\leqslant|x_n-a||y_n|+|a||y_n-b|<M\varepsilon+|a|\varepsilon=(M+|a|)\varepsilon$．再根据数列极限的定义 1′可知 $\lim\limits_{n\to\infty}(x_n\cdot y_n)=(\lim\limits_{n\to\infty}x_n)(\lim\limits_{n\to\infty}y_n)=a\cdot b$．

（3）证明略．

推论 3 法则（1）、（2）可以推广到有限个收敛数列的和与积的情形．

如设 $\lim\limits_{n\to\infty}x_n=a,\lim\limits_{n\to\infty}y_n=b,\lim\limits_{n\to\infty}z_n=c$，有
$$\lim_{n\to\infty}(x_n+y_n+z_n)=\lim_{n\to\infty}(x_n+y_n)+\lim_{n\to\infty}z_n=\lim_{n\to\infty}x_n+\lim_{n\to\infty}y_n+\lim_{n\to\infty}z_n$$
$$=a+b+c;$$
$$\lim_{n\to\infty}(x_n\cdot y_n\cdot z_n)=[\lim_{n\to\infty}(x_n\cdot y_n)](\lim_{n\to\infty}z_n)$$
$$=(\lim_{n\to\infty}x_n)\cdot(\lim_{n\to\infty}y_n)\cdot(\lim_{n\to\infty}z_n)=abc.$$

推论 4 设 $\lim\limits_{n\to\infty}x_n=a$，而 C 为常数，则 $\lim\limits_{n\to\infty}Cx_n=Ca$（即求极限时，常数因子可以提到极限符号的外面）．

例 6 求 $\lim\limits_{n\to\infty}\dfrac{2n^2+3n+2}{3n^2+5n}$．

解 将分式$\dfrac{2n^2+3n+2}{3n^2+5n}$的分子与分母同时除以 n^2，再根据收敛数列的四则运算法则，于是有

$$\lim_{n\to\infty}\frac{2n^2+3n+2}{3n^2+5n}=\lim_{n\to\infty}\frac{2+\frac{3}{n}+\frac{2}{n^2}}{3+\frac{5}{n}}=\frac{\lim\limits_{n\to\infty}\left(2+\frac{3}{n}+\frac{2}{n^2}\right)}{\lim\limits_{n\to\infty}\left(3+\frac{5}{n}\right)}$$
$$=\frac{\lim\limits_{n\to\infty}2+\lim\limits_{n\to\infty}\frac{3}{n}+\lim\limits_{n\to\infty}\frac{2}{n^2}}{\lim\limits_{n\to\infty}3+\lim\limits_{n\to\infty}\frac{5}{n}}=\frac{\lim\limits_{n\to\infty}2+3\lim\limits_{n\to\infty}\frac{1}{n}+2\lim\limits_{n\to\infty}\frac{1}{n^2}}{\lim\limits_{n\to\infty}3+5\lim\limits_{n\to\infty}\frac{1}{n}}$$
$$=\frac{2+3\times0+2\times0}{3+5\times0}=\frac{2}{3}.$$

例 7 求 $\lim\limits_{n\to\infty}\dfrac{2n^3+n^2-3n+6}{n^4-n^3+2n-5}$.

解 将分式 $\dfrac{2n^3+n^2-3n+6}{n^4-n^3+2n-5}$ 的分子与分母同时除以 n^4，再根据

收敛数列的四则运算法则，于是有

$$\lim_{n\to\infty}\frac{2n^3+n^2-3n+6}{n^4-n^3+2n-5}=\lim_{n\to\infty}\frac{\dfrac{2}{n}+\dfrac{1}{n^2}-\dfrac{3}{n^3}+\dfrac{6}{n^4}}{1-\dfrac{1}{n}+\dfrac{2}{n^3}-\dfrac{5}{n^4}}$$

$$=\frac{\lim\limits_{n\to\infty}\left(\dfrac{2}{n}+\dfrac{1}{n^2}-\dfrac{3}{n^3}+\dfrac{6}{n^4}\right)}{\lim\limits_{n\to\infty}\left(1-\dfrac{1}{n}+\dfrac{2}{n^3}-\dfrac{5}{n^4}\right)}=\frac{0}{1}=0.$$

例 6、例 7 的求解方法可以推广到一般情形.

$$\lim_{n\to\infty}\frac{a_0n^k+a_1n^{k-1}+\cdots+a_{k-1}n+a_k}{b_0n^t+b_1n^{t-1}+\cdots+b_{t-1}n+b_t}=\begin{cases}\dfrac{a_0}{b_0}, & k=t \\[2mm] 0, & k<t\end{cases}.$$

例 8 求 $\lim\limits_{n\to\infty}\dfrac{1+2+3+\cdots+n}{n^2}$.

解 由于 $1+2+3+\cdots+n=\dfrac{n(n+1)}{2}$，于是有

$$\lim_{n\to\infty}\frac{1+2+3+\cdots+n}{n^2}=\lim_{n\to\infty}\frac{\dfrac{n(n+1)}{2}}{n^2}$$

$$=\lim_{n\to\infty}\frac{n+1}{2n}=\frac{1}{2}.$$

例 9 求 $\lim\limits_{n\to\infty}\dfrac{2^n+3^n}{2^{n+1}+3^{n+1}}$.

解 由于 $\lim\limits_{n\to\infty}q^n=0$（这里 $|q|<1$），将分式 $\dfrac{2^n+3^n}{2^{n+1}+3^{n+1}}$ 的分子与分

母同时除以 3^n，再根据收敛数列的四则运算法则，于是有

$$\lim_{n\to\infty}\frac{2^n+3^n}{2^{n+1}+3^{n+1}}=\lim_{n\to\infty}\frac{\dfrac{2^n}{3^n}+1}{\dfrac{2^{n+1}}{3^n}+3}=\lim_{n\to\infty}\frac{\left(\dfrac{2}{3}\right)^n+1}{2\times\left(\dfrac{2}{3}\right)^n+3}=\frac{1}{3}.$$

例 10 求 $\lim\limits_{n\to\infty}\left(\sqrt{n^2+n}-n\right)$.

解 $\lim\limits_{n\to\infty}\left(\sqrt{n^2+n}-n\right)=\lim\limits_{n\to\infty}\dfrac{\left(\sqrt{n^2+n}-n\right)\cdot\left(\sqrt{n^2+n}+n\right)}{\sqrt{n^2+n}+n}$

$$=\lim_{n\to\infty}\frac{n}{\sqrt{n^2+n}+n}=\lim_{n\to\infty}\frac{1}{\sqrt{1+\dfrac{1}{n}}+1}=\frac{1}{2}.$$

5. 数列极限存在准则

准则 I（夹逼定理）

设 $\{x_n\},\{y_n\},\{z_n\}$ 是三个数列，若存在 $N \in \mathbf{N}_+$，对于任意 $n > N$，有 $x_n \leqslant y_n \leqslant z_n$，且 $\lim\limits_{n\to\infty}x_n = a$，$\lim\limits_{n\to\infty}z_n = a$，则 $\lim\limits_{n\to\infty}y_n = a$.

证 根据数列极限的定义 $1'$ 可知，$\lim\limits_{n\to\infty}x_n = a \Leftrightarrow$ 对于任意小的正数 $\varepsilon > 0$，总存在正整数 N_1，使得当 $n > N_1$ 时，总有 $|x_n - a| < \varepsilon$ 成立；类似地，$\lim\limits_{n\to\infty}z_n = a \Leftrightarrow$ 对于任意小的正数 $\varepsilon > 0$，总存在正整数 N_2，使得当 $n > N_2$ 时，总有 $|y_n - b| < \varepsilon$ 成立. 取 $N^* = \max\{N_1, N_2, N\}$，当 $n > N^*$ 时，同时有 $|x_n - a| < \varepsilon$，$|z_n - a| < \varepsilon$，及 $x_n \leqslant y_n \leqslant z_n$. 于是，有 $a - \varepsilon < x_n \leqslant y_n \leqslant z_n < a + \varepsilon$，即 $|x_n - a| < \varepsilon$. 这就证明了 $\lim\limits_{n\to\infty}y_n = a$.

★ 牛顿与柯西
相关内容
见本页二维码

例 11 证明：$\lim\limits_{n\to\infty}n\left(\dfrac{1}{n^2 + \pi} + \dfrac{1}{n^2 + 2\pi} + \cdots + \dfrac{1}{n^2 + n\pi}\right) = 1$.

证 记 $x_n = n\left(\dfrac{1}{n^2 + \pi} + \dfrac{1}{n^2 + 2\pi} + \cdots + \dfrac{1}{n^2 + n\pi}\right)$，由于

$$\frac{n^2}{n^2 + n\pi} = n\left(\frac{1}{n^2 + n\pi} + \frac{1}{n^2 + n\pi} + \cdots + \frac{1}{n^2 + n\pi}\right) < x_n <$$

$$n\left(\frac{1}{n^2 + \pi} + \frac{1}{n^2 + \pi} + \cdots + \frac{1}{n^2 + \pi}\right) = \frac{n^2}{n^2 + \pi},$$

且 $\lim\limits_{n\to\infty}\dfrac{n^2}{n^2 + n\pi} = 1$，$\lim\limits_{n\to\infty}\dfrac{n^2}{n^2 + \pi} = 1$，根据夹逼定理可知

$$\lim\limits_{n\to\infty}n\left(\frac{1}{n^2 + \pi} + \frac{1}{n^2 + 2\pi} + \cdots + \frac{1}{n^2 + n\pi}\right) = 1.$$

准则 II（单调有界定理） 单调有界数列必有极限.

准则 II 表明：如果数列不仅有界，而且是单调的，那么这个数列的极限必定存在，也就是这个数列一定收敛.

准则 II 的几何解释：单调增加有上界的数列（或单调减少有下界的数列），当 n 无限增大时，x_n 在数轴上的点必向右（或向左）无地限趋近于某一定点 a. 该准则的严格证明超出本书范围，故从略.

例 12 证明数列 $\left\{x_n = \underbrace{\sqrt{2 + \sqrt{2 + \cdots + \sqrt{2}}}}_{n\text{根}}\right\}$ 必有极限，并求出它的极限.

证 记 $x_n = \underbrace{\sqrt{2 + \sqrt{2 + \cdots + \sqrt{2}}}}_{n\text{根}}$，易知 $x_{n+1} = \sqrt{2 + x_n}$，由前知数列 $\{x_n\}$ 单调增加且以 2 为其上界. 根据单调有界定理可知数列 $\{x_n\}$ 必有极限. 令 $\lim\limits_{n\to\infty}x_n = a$，对 $x_{n+1} = \sqrt{2 + x_n}$ 两边取极限可得，$\lim\limits_{n\to\infty}x_{n+1} = \lim\limits_{n\to\infty}\sqrt{2 + x_n}$，即有 $a = \sqrt{2 + a}$，解得 $a = 2$. 故 $\lim\limits_{n\to\infty}x_n = 2$.

例 13 证明数列 $\left\{\left(1 + \dfrac{1}{n}\right)^n\right\}$ 必有极限.

证* 记 $x_n = \left(1 + \dfrac{1}{n}\right)^n$,下面证明数列 $\{x_n\}$ 是单调有界的.

首先,利用二项式公式,有

$$x_n = \left(1 + \frac{1}{n}\right)^n = 1 + \frac{n}{1!} \cdot \frac{1}{n} + \frac{n(n-1)}{2!} \cdot \frac{1}{n^2} + \frac{n(n-1)(n-2)}{3!} \cdot \frac{1}{n^3} +$$

$$\cdots + \frac{n(n-1)\cdots(n-n+1)}{n!} \cdot \frac{1}{n^n}$$

$$= 1 + 1 + \frac{1}{2!}\left(1 - \frac{1}{n}\right) + \frac{1}{3!}\left(1 - \frac{1}{n}\right)\left(1 - \frac{2}{n}\right) + \cdots + \frac{1}{n!}\left(1 - \frac{1}{n}\right)\left(1 - \frac{2}{n}\right)\cdots\left(1 - \frac{n-1}{n}\right),$$

$$x_{n+1} = 1 + 1 + \frac{1}{2!}\left(1 - \frac{1}{n+1}\right) + \frac{1}{3!}\left(1 - \frac{1}{n+1}\right)\left(1 - \frac{2}{n+1}\right) + \cdots + \frac{1}{n!}\left(1 - \frac{1}{n+1}\right)\left(1 - \frac{2}{n+1}\right)\cdots\left(1 - \frac{n-1}{n+1}\right) + \frac{1}{(n+1)!}\left(1 - \frac{1}{n+1}\right)\left(1 - \frac{2}{n+1}\right)\cdots\left(1 - \frac{n}{n+1}\right),$$

比较 x_n 与 x_{n+1} 的展开式,可以看出除前两项外,x_n 的每一项都小于 x_{n+1} 的对应项,并且 x_{n+1} 还多了最后一项,其值大于 0,因此 $x_n < x_{n+1}$,这就是说数列 $\{x_n\}$ 是单调有界的.

其次,我们说明这个数列是有上界的.

因为 x_n 的展开式中各项括号内的数用较大的数 1 代替,得

$$x_n < 1 + 1 + \frac{1}{2!} + \frac{1}{3!} + \cdots + \frac{1}{n!} < 1 + 1 + \frac{1}{2} + \frac{1}{2^2} + \cdots + \frac{1}{2^{n-1}}$$

$$= 1 + \frac{1 - \dfrac{1}{2^n}}{1 - \dfrac{1}{2}} = 3 - \frac{1}{2^{n-1}} < 3.$$

根据单调有界定理可知数列 $\{x_n\}$ 必有极限.

注 (1) 这个极限我们用 e 来表示,即 $\lim\limits_{n\to\infty}\left(1 + \dfrac{1}{n}\right)^n = \mathrm{e}$. 这里 e 是个无理数,它的值是 $\mathrm{e} = 2.718281828459045\cdots$,指数函数 $y = \mathrm{e}^x$ 以及对数函数 $y = \ln x$ 中的底数就是这个常数.

(2) 以后也称 $\lim\limits_{n\to\infty}\left(1 + \dfrac{1}{n}\right)^n = \mathrm{e}$ 为重要极限. 我们利用这个结论可以求解某些类型的数列极限.

例 14 利用公式 $\lim\limits_{n\to\infty}\left(1 + \dfrac{1}{n}\right)^n = \mathrm{e}$,求下列极限:

(1) $\lim\limits_{n\to\infty}\left(1 + \dfrac{2}{n}\right)^n$;(2) $\lim\limits_{n\to\infty}\left(1 - \dfrac{1}{5n}\right)^n$;(3) $\lim\limits_{n\to\infty}\left(\dfrac{n}{n+1}\right)^n$.

解

$$(1)\ \lim_{n\to\infty}\left(1+\frac{2}{n}\right)^n=\lim_{n\to\infty}\left(1+\frac{1}{\frac{n}{2}}\right)^n=\lim_{n\to\infty}\left(1+\frac{1}{\frac{n}{2}}\right)^{\frac{n}{2}\times2}$$

$$=\lim_{n\to\infty}\left\{\left(1+\frac{1}{\frac{n}{2}}\right)^{\frac{n}{2}}\right\}^2=\mathrm{e}^2;$$

$$(2)\ \lim_{n\to\infty}\left(1-\frac{1}{5n}\right)^n=\lim_{n\to\infty}\left(1+\frac{1}{-5n}\right)^n=\lim_{n\to\infty}\left(1+\frac{1}{-5n}\right)^{-5n\times\left(-\frac{1}{5}\right)}$$

$$=\lim_{n\to\infty}\left(\left(1+\frac{1}{-5n}\right)^{-5n}\right)^{-\frac{1}{5}}=\mathrm{e}^{-\frac{1}{5}};$$

$$(3)\ \lim_{n\to\infty}\left(\frac{n}{n+1}\right)^n=\lim_{n\to\infty}\frac{1}{\left(\frac{n+1}{n}\right)^n}=\lim_{n\to\infty}\frac{1}{\left(1+\frac{1}{n}\right)^n}=\frac{1}{\lim\limits_{n\to\infty}\left(1+\frac{1}{n}\right)^n}$$

$$=\frac{1}{\mathrm{e}}.$$

第二节　函数的极限

数列可以看作是一类特殊的函数,其自变量取 1 到正无穷内的正整数,若自变量不再限于正整数的顺序,而是连续变化的,就成了函数. 因为自变量所在范围的不同,导致自变量的变化形式产生了不同——自变量可以无限增大,也可以无限接近某一定点 x_0,所以函数极限就分为两种类型. 如果在相应的变化过程中,函数值无限接近于某一常数 A,就叫作函数存在极限值.

下面我们结合数列的极限来学习一下函数极限的概念.

一、　函数的极限

1. 自变量趋向无穷大时函数的极限

定义 1　如果自变量 x 无限增大时,函数 $f(x)$ 无限趋近于某一个常数 A,则称 A 为 $f(x)$ 当 $x\to+\infty$ 时的极限,记作 $\lim\limits_{x\to+\infty}f(x)=A$;如果自变量 x 无限减小时,函数 $f(x)$ 无限趋近于某一个常数 A,则称 A 为 $f(x)$ 当 $x\to-\infty$ 时的极限,记作 $\lim\limits_{x\to-\infty}f(x)=A$;如果自变量 x 的绝对值无限增大时,函数 $f(x)$ 无限趋近于某一个常数 A,则称 A 为 $f(x)$ 当 $x\to\infty$ 时的极限,记作 $\lim\limits_{x\to\infty}f(x)=A$.

用"$\varepsilon\text{-}X$"语言来精确叙述如下:

定义 1′　设函数 $y=f(x)$,若对于任意给定的正数 ε(不论其多么小),总存在着正数 X,使得对于满足不等式 $|x|>X$ 的一切 x,所对应的函数值 $f(x)$ 都满足不等式 $|f(x)-A|<\varepsilon$,则常数 A 就叫作函数

$y = f(x)$ 当 $x \to \infty$ 时的极限,记作 $\lim\limits_{x \to \infty} f(x) = A$.

例 1　函数 $f(x) = \dfrac{1}{x}$,在 $x \to +\infty$,$x \to -\infty$ 以及 $x \to \infty$ 时的极

限存在吗? 结合图像,我们可以得到 $\lim\limits_{x \to +\infty} f(x) = \lim\limits_{x \to +\infty} \dfrac{1}{x} = 0$,

$\lim\limits_{x \to -\infty} f(x) = \lim\limits_{x \to -\infty} \dfrac{1}{x} = 0$,$\lim\limits_{x \to \infty} f(x) = \lim\limits_{x \to \infty} \dfrac{1}{x} = 0$.

那么函数 $g(x) = \begin{cases} \dfrac{1}{x}, & x > 0 \\ \dfrac{1}{x} - 1, & x < 0 \end{cases}$ 在 $x \to +\infty$,$x \to -\infty$ 以及 $x \to \infty$

时的极限存在吗? 请读者结合图像思考一下.

关系:　$\lim\limits_{x \to \infty} f(x) = A \Leftrightarrow \lim\limits_{x \to +\infty} f(x) = \lim\limits_{x \to -\infty} f(x) = A$.

注　对于数列极限而言,由于自变量 $n \in \mathbf{N}$,所以 $n \to \infty$ 就是 $n \to +\infty$.

2. 自变量趋向有限值时函数的极限

定义 2　设 $f(x)$ 在 x_0 的某一去心邻域内有定义,若当 $x \to x_0$(但始终不等于 x_0)时,$f(x)$ 的函数值无限趋近于一个确定的常数 A,则称 A 为 $f(x)$ 当 $x \to x_0$ 时的极限,记为 $\lim\limits_{x \to x_0} f(x) = A$;若当 x 从 x_0 的左边无限趋近于 x_0(但始终不等于 x_0)时,$f(x)$ 的函数值无限趋近于一个确定的常数 A,则称 A 为 $f(x)$ 当 $x \to x_0$ 时的左极限,记为 $\lim\limits_{x \to x_0^-} f(x) = A$;若当 x 从 x_0 的右边无限趋近于 x_0(但始终不等于 x_0)时,$f(x)$ 的函数值无限趋近于一个确定的常数 A,则称 A 为 $f(x)$ 当 $x \to x_0$ 时的右极限,记为 $\lim\limits_{x \to x_0^+} f(x) = A$.

关系:$\lim\limits_{x \to x_0} f(x) = A \Leftrightarrow \lim\limits_{x \to x_0^-} f(x) = \lim\limits_{x \to x_0^+} f(x) = A$.

注　为什么强调 x 始终不等于 x_0? 因为我们讨论的是 $f(x)$ 在 x_0 附近的变化趋势,而不是 $f(x)$ 在 x_0 这一点处的情况. 所以,$f(x)$ 在 $x \to x_0$ 时极限是否存在与 $f(x)$ 在 x_0 处是否有意义或者函数值的大小无关.

用"$\varepsilon\text{-}\delta$"语言来精确叙述如下:

定义 2'　设函数 $f(x)$ 在点 x_0 的某个去心邻域内有定义,且存在数 A,如果对任意给定的正数 ε(不论其多么小),总存在正数 δ,当 $0 < |x - x_0| < \delta$ 时,$|f(x) - A| < \varepsilon$,则称函数 $f(x)$ 当 $x \to x_0$ 时极限存在,且极限为 A,记为 $\lim\limits_{x \to x_0} f(x) = A$.

例 2　函数 $f(x) = \dfrac{x^2 - 1}{x - 1}$,当 $x \to 1$ 时函数值的变化趋势如何?

函数在 $x = 1$ 处无定义. 对实数来讲,在数轴上任何一个有限的范围内,都有无穷多个点,为此我们把 $x \to 1$ 时函数值的变化趋势用表列

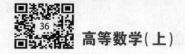

出（见表 2-1）．

表 2-1　x→1 时函数值的变化趋势

x	$\cdots$	0.9	0.99	0.999	$\cdots$	1	$\cdots$	1.001	1.01	1.1	$\cdots$
$f(x)$	$\cdots$	1.9	1.99	1.999	$\cdots$	不存在	$\cdots$	2.001	2.01	2.1	$\cdots$

从表 2-1 中我们可以看出当 $x \to 1$ 时，$f(x) \to 2$，而且只要 x 与 1 有多接近，$f(x)$ 就与 2 有多接近．或者说：只要 $f(x)$ 与 2 只差一个微量 ε，就一定可以找到一个 δ，当 $0 < |x-1| < \delta$ 时，满足 $|f(x) - 2| < \varepsilon$．

二、　函数极限的性质

下面我们不加证明地给出 $x \to x_0$ 过程中函数极限的三个基本性质：

（1）唯一性：若 $\lim\limits_{x \to x_0} f(x) = A$，$\lim\limits_{x \to x_0} f(x) = B$，则 $A = B$．

（2）有界性：若 $\lim\limits_{x \to x_0} f(x) = A$，则函数 $f(x)$ 在 x_0 附近有界．

推论 1　无界变量一定无极限．

（3）保号性：若 $\lim\limits_{x \to x_0} f(x) = A$，且 $A > 0$（或 $A < 0$），则必存在 x_0 的某一邻域，当 x 在该邻域内（$x \neq x_0$）时，有 $f(x) > 0$（或 $f(x) < 0$）．

推论 2　若 $\lim\limits_{x \to x_0} f(x) = A$，$\lim\limits_{x \to x_0} f(x) = B$，且 $f(x) \geqslant g(x)$，则 $A \geqslant B$．

三、　无穷小量和无穷大量

1. 无穷小量

定义 3　以零为极限的变量称为无穷小量．

注　（1）零是唯一可看作无穷小量的常数；

（2）无穷小量与自变量的变化过程有关，例如 x 是 $x \to 0$ 时的无穷小量，不是 $x \to 1$ 时的无穷小量．

定理 1　变量以 A 为极限的充要条件是变量为 A 与无穷小量的和．

证　若 $\lim y = A$，则由极限定义有 $\lim(y - A) = 0$．记 $\alpha = y - A$，由无穷小量定义可知 α 为无穷小量，并有 $y = A + \alpha$．

反之，若 $y = A + \alpha$，且 $\lim \alpha = 0$，则由极限定义有 $\lim y = A$．

2. 无穷大量

定义 4　在某一变化过程中，绝对值无限增大的变量，称为无穷大量．

注　（1）任何常数都不是无穷大量；

（2）无穷大量与无穷小量的区别是：前者无界，后者有界；前者发散,后者收敛于 0.

定理 2　在自变量的同一变化过程中,若 y 是无穷大量,则 $\dfrac{1}{y}$ 是无穷小量;若 y 是无穷小量,且 $y \neq 0$,则 $\dfrac{1}{y}$ 是无穷大量.

比如:(1) 对于函数 $y = 2x - 1$,当 $x \to \dfrac{1}{2}$ 时,y 为无穷小量;当 $x \to \infty$ 时,y 为无穷大量. (2)对于函数 $y = 2^x$,当 $x \to -\infty$ 时,y 为无穷小量;当 $x \to +\infty$ 时,y 为无穷大量. 请读者思考一下,函数 $y = 2^{\frac{1}{x}}$ 在什么时候是无穷小量,什么时候是无穷大量?

3. 无穷小量的运算性质

定理 3　在自变量的同一变化过程中:

(1) 有限个无穷小量的和还是无穷小量;

(2) 有限个无穷小量的积还是无穷小量;

(3) 有界函数与无穷小量的乘积还是无穷小量.

推论 3　常数与无穷小量的乘积还是无穷小量.

例 3　由于无穷小量与无穷小量的乘积还是无穷小量,所以有 $\lim\limits_{x \to 0} x \sin x = 0$;由于无穷小量与有界函数的乘积还是无穷小量,所以有 $\lim\limits_{x \to 0} x \sin \dfrac{1}{x} = 0$;请读者继续判断以下四个极限的存在性:$\lim\limits_{x \to \infty} x \sin x$,$\lim\limits_{x \to \infty} \dfrac{1}{x} \sin x$,$\lim\limits_{x \to 0} \dfrac{1}{x} \sin \dfrac{1}{x}$,$\lim\limits_{x \to \infty} \dfrac{1}{x} \sin \dfrac{1}{x}$.

4. 无穷小量的比较

通过前面的学习我们已经知道,两个无穷小量的和、差及乘积仍是无穷小量. 那么两个无穷小量的商会是怎样的呢? 比如,当 $x \to 0$ 时,x,$2x$,x^2 都是无穷小量,但是 $\lim\limits_{x \to 0} \dfrac{2x}{x} = 2$,$\lim\limits_{x \to 0} \dfrac{x^2}{x} = 0$,$\lim\limits_{x \to 0} \dfrac{x}{x^2} = \infty$. 这体现了什么?

定义 5　设 $\lim \alpha = 0$,$\lim \beta = 0$,k、l 为常数.

(1) 若 $\lim \dfrac{\alpha}{\beta} = 0$,则称 α 是 β 的高阶无穷小量或 β 是 α 的低阶无穷小量,记作 $\alpha = o(\beta)$;

(2) 若 $\lim \dfrac{\alpha}{\beta} = l \neq 0$,则称 α 和 β 是同阶无穷小量;当 $l = 1$ 时,称 α 和 β 是等价无穷小量,记作 $\alpha \sim \beta$;

(3) 若 $\lim \dfrac{\alpha}{\beta^k} = l \neq 0 (k > 0)$,则称 α 是关于 β 的 k 阶无穷小量.

根据定义 5 可知,当 $x \to 0$ 时,x 与 $2x$ 是同阶无穷小量,x^2 是 x 的高阶无穷小量,x 是 x^2 的低阶无穷小量.

四、 极限的计算

前面已经学习了数列极限的运算规则,我们知道数列可作为一类特殊的函数,故函数极限的运算规则与数列极限的运算规则相似.

1. 函数极限的运算规则

定理4 $\lim f(x) = A, \lim g(x) = B$,则

(1) $\lim[f(x) \pm g(x)] = A \pm B$;

(2) $\lim[f(x) \cdot g(x)] = A \cdot B$;

(3) $\lim \dfrac{f(x)}{g(x)} = \dfrac{A}{B}(B \neq 0)$.

推论4 (1) $\lim kf(x) = kA(k$ 为常数);

(2) $\lim[f(x)]^m = A^m(m$ 为正整数).

在求函数的极限时,利用上述规则就可以把一个复杂的函数化为若干个简单的函数来求极限.

例4 求 $\lim\limits_{x \to 2}(3x^2 - 2x + 1)$.

解 $\lim\limits_{x \to 2}(3x^2 - 2x + 1) = \lim\limits_{x \to 2}3x^2 - \lim\limits_{x \to 2}2x + \lim\limits_{x \to 2}1$

$= 3\lim\limits_{x \to 2}x^2 - 2\lim\limits_{x \to 2}x + \lim\limits_{x \to 2}1$

$= 3 \times 2^2 - 2 \times 2 + 1 = 9$.

结论 对于任意有限次多项式 $P(x) = a_n x^n + a_{n-1}x^{n-1} + \cdots + a_1 x + a_0$,有 $\lim\limits_{x \to x_0} P(x) = P(x_0)$.

例5 求下列极限:

(1) $\lim\limits_{x \to 1}\dfrac{2x^2 + x - 5}{3x^2 + 1}$; (2) $\lim\limits_{x \to 2}\dfrac{x^3 - 8}{x^2 - 4}$; (3) $\lim\limits_{x \to 3}\dfrac{x + 4}{x^2 - 9}$.

解 (1) $\lim\limits_{x \to 1}\dfrac{2x^2 + x - 5}{3x^2 + 1} = \dfrac{\lim\limits_{x \to 1}(2x^2 + x - 5)}{\lim\limits_{x \to 1}(3x^2 + 1)} = \dfrac{-2}{4} = -\dfrac{1}{2}$;

(2) $\lim\limits_{x \to 2}\dfrac{x^3 - 8}{x^2 - 4} = \lim\limits_{x \to 2}\dfrac{x^2 + 2x + 2}{x + 2} = \dfrac{5}{2}$;

(3) 由于 $\lim\limits_{x \to 3}\dfrac{x^2 - 9}{x + 4} = 0$,故有 $\lim\limits_{x \to 3}\dfrac{x + 4}{x^2 - 9} = \infty$.

例6 求下列极限:

(1) $\lim\limits_{x \to \infty}\dfrac{2x^2 + x - 5}{3x^2 + 1}$; (2) $\lim\limits_{x \to \infty}\dfrac{x^3 - 8}{x^2 - 4}$; (3) $\lim\limits_{x \to \infty}\dfrac{x + 4}{x^2 - 9}$

解 (1) $\lim\limits_{x \to \infty}\dfrac{2x^2 + x - 5}{3x^2 + 1} = \lim\limits_{x \to \infty}\dfrac{2 + \dfrac{1}{x} - \dfrac{5}{x^2}}{3 + \dfrac{1}{x^2}} = \dfrac{2}{3}$;

（2）由于 $\lim\limits_{x\to\infty}\dfrac{x^2-4}{x^3-8}=\lim\limits_{x\to\infty}\dfrac{\dfrac{1}{x}-\dfrac{4}{x^3}}{1-\dfrac{8}{x^3}}=\dfrac{0}{1}=0$，可知 $\lim\limits_{x\to\infty}\dfrac{x^3-8}{x^2-4}=\infty$；

（3）$\lim\limits_{x\to\infty}\dfrac{x+4}{x^2-9}=\lim\limits_{x\to\infty}\dfrac{\dfrac{1}{x}+\dfrac{4}{x^2}}{1-\dfrac{9}{x^2}}=\dfrac{0}{1}=0.$

注 通过此例题我们可以发现：当分式的分子和分母都没有极限时就不能运用商的极限的运算规则了，应先把分式的分子和分母转化为存在极限的情形，然后运用规则求之.

例7 求 $\lim\limits_{x\to+\infty}(\sqrt{x+1}-\sqrt{x})$.

解 $\lim\limits_{x\to+\infty}(\sqrt{x+1}-\sqrt{x})=\lim\limits_{x\to+\infty}\dfrac{(\sqrt{x+1}-\sqrt{x})(\sqrt{x+1}+\sqrt{x})}{\sqrt{x+1}+\sqrt{x}}$

$$=\lim\limits_{x\to+\infty}\dfrac{1}{\sqrt{x+1}+\sqrt{x}}=0.$$

2. 函数极限存在的两个准则

准则Ⅰ 设函数 $f(x)\leqslant h(x)\leqslant g(x)$，且 $\lim\limits_{x\to x_0}f(x)=\lim\limits_{x\to x_0}g(x)=A$，则 $\lim\limits_{x\to x_0}h(x)=A.$

准则Ⅱ 单调有界的函数必有极限.

（参见数列极限存在的两个准则的证明，故略）

3. 两个重要极限

公式一：$\lim\limits_{x\to0}\dfrac{\sin x}{x}=1.$

特征：① 分子和分母均为该极限过程的无穷小量；

② 分子是分母的正弦值.

推论5 若 $\lim f(x)=0$，则 $\lim\dfrac{\sin f(x)}{f(x)}=1.$

例8 求下列极限：

（1）$\lim\limits_{x\to0}\dfrac{\sin(2x)}{3x}$；（2）$\lim\limits_{x\to0}\dfrac{\tan x}{x}$；（3）$\lim\limits_{x\to0}\dfrac{1-\cos x}{x^2}$；

（4）$\lim\limits_{x\to\infty}x\sin\left(\dfrac{1}{x}\right).$

解 （1）$\lim\limits_{x\to0}\dfrac{\sin(2x)}{3x}=\lim\limits_{x\to0}\dfrac{\sin(2x)}{2x}\cdot\dfrac{2}{3}=\dfrac{2}{3}\lim\limits_{2x\to0}\dfrac{\sin(2x)}{2x}=\dfrac{2}{3}$；

（2）$\lim\limits_{x\to0}\dfrac{\tan x}{x}=\lim\limits_{x\to0}\dfrac{\sin x}{x}\cdot\dfrac{1}{\cos x}=\lim\limits_{x\to0}\dfrac{\sin x}{x}\cdot\lim\limits_{x\to0}\dfrac{1}{\cos x}=1$；

（3）$\lim\limits_{x\to0}\dfrac{1-\cos x}{x^2}=\lim\limits_{x\to0}\dfrac{2\sin^2\left(\dfrac{x}{2}\right)}{x^2}=\lim\limits_{x\to0}2\cdot\dfrac{\sin^2\left(\dfrac{x}{2}\right)}{\left(\dfrac{x}{2}\right)^2}\cdot\dfrac{1}{4}=\dfrac{1}{2}$；

$(4)\ \lim_{x\to\infty}x\sin\left(\dfrac{1}{x}\right)=\lim_{\frac{1}{x}\to0}\dfrac{\sin\left(\dfrac{1}{x}\right)}{\dfrac{1}{x}}=1.$

公式二:$\lim\limits_{x\to\infty}\left(1+\dfrac{1}{x}\right)^{x}=e.$

特征:① 在此极限过程中,底数趋于 1,而指数趋于无穷大;

② 指数 x 与底数中的 $\dfrac{1}{x}$ 互为倒数.

另一形式:$\lim\limits_{x\to0}(1+x)^{\frac{1}{x}}=e.$

推论 6 ① 若 $\lim f(x)=\infty$,则 $\lim\left[1+\dfrac{1}{f(x)}\right]^{f(x)}=e$;

② 若 $\lim f(x)=0$,则 $\lim[1+f(x)]^{\frac{1}{f(x)}}=e.$

例 9 求下列极限:

$(1)\ \lim\limits_{x\to\infty}\left(1+\dfrac{2}{x}\right)^{x}$;$(2)\ \lim\limits_{x\to\infty}\left(\dfrac{x^{2}+1}{x^{2}}\right)^{x^{2}+1}$;$(3)\ \lim\limits_{x\to\infty}\left(\dfrac{x+1}{x-1}\right)^{x}.$

解 $(1)\ \lim\limits_{x\to\infty}\left(1+\dfrac{2}{x}\right)^{x}=\lim\limits_{x\to\infty}\left(1+\dfrac{2}{x}\right)^{\frac{x}{2}\cdot2}=e^{2}$;

$(2)\ \lim\limits_{x\to\infty}\left(\dfrac{x^{2}+1}{x^{2}}\right)^{x^{2}+1}=\lim\limits_{x\to\infty}\left(1+\dfrac{1}{x^{2}}\right)^{x^{2}}\cdot\left(1+\dfrac{1}{x^{2}}\right)=e\cdot1=e$;

$(3)\ \lim\limits_{x\to\infty}\left(\dfrac{x+1}{x-1}\right)^{x}=\lim\limits_{x\to\infty}\left(1+\dfrac{2}{x-1}\right)^{x}=\lim\limits_{x\to\infty}\left(1+\dfrac{2}{x-1}\right)^{\frac{x-1}{2}\cdot\frac{2x}{x-1}}=e^{2}.$

4. 等价无穷小替换

常用公式 当 $x\to0$ 时,有 $\sin x\sim x$,$\tan x\sim x$,$\arcsin x\sim x$,$\arctan x\sim x$,$\ln(1+x)\sim x$,$e^{x}-1\sim x$,$1-\cos x\sim\dfrac{1}{2}x^{2}$,$(1+x)^{\mu}-1\sim\mu x.$

定理 5 $\alpha\sim\beta\Leftrightarrow\beta=\alpha+o(\alpha).$

证 首先,$\alpha\sim\beta\Rightarrow\lim\dfrac{\beta-\alpha}{\alpha}=\lim\left(\dfrac{\beta}{\alpha}-1\right)=\lim\dfrac{\beta}{\alpha}-1=0\Rightarrow\beta-\alpha=o(\alpha)$;

其次,$\beta=\alpha+o(\alpha)\Rightarrow\lim\dfrac{\beta}{\alpha}=\lim\dfrac{\alpha+o(\alpha)}{\alpha}=1\Rightarrow\alpha\sim\beta.$

定理 6 若 $\alpha\sim\alpha'$,$\beta\sim\beta'$,且 $\lim\dfrac{\beta'}{\alpha'}$ 存在,则有 $\lim\dfrac{\beta}{\alpha}=\lim\dfrac{\beta'}{\alpha'}.$

证 $\lim\dfrac{\beta}{\alpha}=\lim\left(\dfrac{\beta}{\beta'}\cdot\dfrac{\beta'}{\alpha'}\cdot\dfrac{\alpha'}{\alpha}\right)=\lim\dfrac{\beta'}{\alpha'}.$

注 求两个无穷小之比的极限时,分子及分母都可用等价无穷小来代替,因此我们可以利用这个性质来简化求极限问题.

例 10 求下列极限:

（1）$\lim\limits_{x\to 0}\dfrac{\tan 5x}{\sin 2x}$；（2）$\lim\limits_{x\to 0}\dfrac{x\ln(1+x)}{1-\cos x}$；（3）$\lim\limits_{x\to 0}\dfrac{\tan x-\sin x}{x^3}$.

解　（1）$\lim\limits_{x\to 0}\dfrac{\tan 5x}{\sin 2x}=\lim\limits_{x\to 0}\dfrac{5x}{2x}=\dfrac{5}{2}$；

（2）$\lim\limits_{x\to 0}\dfrac{x\ln(1+x)}{1-\cos x}=\lim\limits_{x\to 0}\dfrac{x\cdot x}{\dfrac{1}{2}x^2}=2$；

（3）$\lim\limits_{x\to 0}\dfrac{\tan x-\sin x}{x^3}=\lim\limits_{x\to 0}\dfrac{\tan x(1-\cos x)}{x^3}=\lim\limits_{x\to 0}\dfrac{x\cdot\dfrac{1}{2}x^2}{x^3}=\dfrac{1}{2}$.

思考：$\lim\limits_{x\to 0}\dfrac{\tan x-\sin x}{x^3}=\lim\limits_{x\to 0}\dfrac{x-x}{x^3}=\lim\limits_{x\to 0}\dfrac{0}{x^3}=0$，这种做法对不对？
若不对,那么错在哪里?

第三节　函数的连续性

一、函数的连续性

1. 定义

在自然界中有许多现象,如气温的变化、植物的生长等都是连续地变化着的. 这种现象在函数性质上的反映,就是函数的连续性.

定义 1　设函数 $y=f(x)$ 在点 x_0 处有定义,若 $\lim\limits_{x\to x_0}f(x)=f(x_0)$,则称 $y=f(x)$ 在点 x_0 处连续.

定义中 $\lim\limits_{x\to x_0}f(x)=f(x_0)$,也就是 $\lim\limits_{x\to x_0}[f(x)-f(x_0)]=0$,由此可以给出连续性的另一个等价的定义. 首先给出一个概念——**增量**：设变量 x 从它的一个初值 x_0 变到终值 x_1,终值与初值的差 x_1-x_0 就叫作变量 x 的增量,记为 Δx,即 $\Delta x=x_1-x_0$. 这里需要注意的是,增量 Δx 可正可负. Δx 为自变量的增量,当自变量变化时,相应地,因变量也有了变化,即因变量的增量 $\Delta y=f(x_1)-f(x_0)=f(x_0+\Delta x)-f(x_0)$,这个关系式的几何解释如图 2-3 所示.

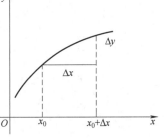

图　2-3

所以,定义 1 有了一个等价的定义：

定义 1′　设函数 $y=f(x)$ 在点 x_0 处有定义,若 $\lim\limits_{\Delta x\to 0}\Delta y=0$,则称 $y=f(x)$ 在点 x_0 处**连续**.

下面我们结合着函数左、右极限的概念再来学习一下函数左、右连续的概念：

定义 2　设函数 $y=f(x)$ 在区间 $(a,b]$ 内有定义,若左极限 $\lim\limits_{x\to b^-}f(x)$ 存在且等于函数值 $f(b)$,则称函数 $y=f(x)$ 在点 b **左连续**.

设函数 $y=f(x)$ 在区间 $[a,b)$ 内有定义,若右极限 $\lim\limits_{x\to a^+}f(x)$ 存在且等

于函数值 $f(a)$, 则称函数 $y=f(x)$ 在点 a **右连续**.

注 一个函数若在定义域内某一点左、右都连续, 则称函数在此点连续; 否则, 称此函数在此点不连续.

定义 3 设函数 $y=f(x)$ 在开区间 (a,b) 内每点都连续, 则称函数 $y=f(x)$ 在区间 (a,b) 内连续. 若函数 $y=f(x)$ 在区间 (a,b) 内连续, 且在 a 点右连续, 在 b 点左连续, 则称函数 $y=f(x)$ 在闭区间 $[a,b]$ 上连续. 若函数 $y=f(x)$ 在它的整个定义域内连续, 则称 $y=f(x)$ 为连续函数. 连续函数的图形是一条连续而不间断的曲线.

例 1 已知函数 $f(x)=\begin{cases} x\sin\dfrac{1}{x}, & x>0, \\ a+1, & x=0, \\ b-\dfrac{\ln(1+x)}{x}, & x<0 \end{cases}$ 在点 $x=0$ 处连续, 求 a、b.

解 根据题意可知函数在点 $x=0$ 处左连续且右连续, 则有

$$\lim_{x\to 0^+}f(x)=f(0)\Rightarrow \lim_{x\to 0^+}x\sin\frac{1}{x}=a+1\Rightarrow 0=a+1\Rightarrow a=-1;$$

$$\lim_{x\to 0^-}f(x)=f(0)\Rightarrow \lim_{x\to 0^-}\left[b-\frac{\ln(1+x)}{x}\right]=a+1=0\Rightarrow b-1=0\Rightarrow b=1.$$

二、间断点

定义 4 若函数 $y=f(x)$ 在点 x_0 的某邻域内有定义, 但在 x_0 处不连续, 则称 x_0 为 $f(x)$ 的间断点.

类型: (1) 若函数 $y=f(x)$ 在点 x_0 的左、右极限都存在, 但不都等于该点的函数值, 则称 x_0 为**第一类间断点**;

(2) 若函数 $y=f(x)$ 在点 x_0 的左、右极限中至少有一个不存在, 则称 x_0 为**第二类间断点**.

例 2 判断下列间断点的类型:

(1) $f(x)=\begin{cases} x+1, & -1\leqslant x\leqslant 0 \\ x, & 0<x<1 \end{cases}, x_0=0$;

(2) $f(x)=\begin{cases} \dfrac{x^2-1}{x-1}, & x\neq 1 \\ 1, & x=1 \end{cases}, x_0=1$;

(3) $f(x)=\sin\dfrac{1}{x}, x_0=0$;

(4) $f(x)=\dfrac{1}{x-1}, x_0=1$.

解 (1) 由于 $\lim\limits_{x\to 0^-}f(x)=\lim\limits_{x\to 0^-}(x+1)=1$, 而 $\lim\limits_{x\to 0^+}f(x)=\lim\limits_{x\to 0^+}x=0$, 故 $\lim\limits_{x\to 0^-}f(x)\neq\lim\limits_{x\to 0^+}f(x)$, 则 $x_0=0$ 为第一类间断点.

（2）由于 $\lim\limits_{x\to1}f(x)=\lim\limits_{x\to1}\dfrac{x^2-1}{x-1}=\lim\limits_{x\to1}(x+1)=2$，而 $f(1)=1$，故 $\lim\limits_{x\to1}f(x)\neq f(1)$，则 $x_0=1$ 为第一类间断点；若将 x_0 处的函数值重新定义为 2，则函数在 x_0 处连续. 对于这种间断点，我们可以通过补充或重新定义函数在间断点处的值来使得函数在该点处连续，称之为**可去间断点**.

（3）由于 $x\to0$ 时，$f(x)$ 的极限不存在，故 $x_0=0$ 为第二类间断点.

（4）由于 $x\to1$ 时，$f(x)\to\infty$，$f(x)$ 的极限不存在，故 $x_0=1$ 为第二类间断点.

三、 连续函数的运算性质

定理 1（函数的和、积、商的连续性）

（1）有限个在某点连续的函数的和是一个在该点连续的函数；

（2）有限个在某点连续的函数的乘积是一个在该点连续的函数；

（3）两个在某点连续的函数的商是一个在该点连续的函数（分母在该点不为零）.

例 3 （1）已知 $f(x)=x$ 与 $g(x)=\sin x$ 都是 $(-\infty,+\infty)$ 上的连续函数，故有 $x\pm\sin x$ 与 $x\cdot\sin x$ 都是 $(-\infty,+\infty)$ 上的连续函数；

（2）已知 $f(x)=\cos x$ 与 $g(x)=x^2+1$ 都是 $(-\infty,+\infty)$ 上的连续函数，故有 $\dfrac{\cos x}{x^2+1}$ 是 $(-\infty,+\infty)$ 上的连续函数.

定理 2（反函数的连续性） 单调连续函数的反函数在其对应区间上也是单调连续的.

例如 $f(x)=\sin x$ 是 $\left[-\dfrac{\pi}{2},\dfrac{\pi}{2}\right]$ 上的单调连续函数，故有 $y=\arcsin x$ 也是 $[-1,1]$ 上的单调连续函数.

定理 3（复合函数的连续性） 设有两个函数 $y=f(u)$ 与 $u=g(x)$，若函数 $u=g(x)$ 在点 $x=x_0$ 处连续，函数 $y=f(u)$ 在点 $u_0=g(x_0)$ 处连续，则复合函数 $y=f(g(x))$ 在点 $x=x_0$ 处也连续.

例如 $y=\sin\dfrac{1}{x}$ 由 $y=\sin u$ 与 $u=\dfrac{1}{x}$ 复合而成，而 $u=\dfrac{1}{x}$ 在 $x=2$ 处连续，$y=\sin u$ 在 $u=\dfrac{1}{2}$ 处连续，故有 $y=\sin\dfrac{1}{x}$ 在 $x=2$ 处连续.

定理 4（初等函数的连续性） 基本初等函数在它们的定义域内都是连续的；初等函数在其定义域内也都是连续的.

例 4　求 $\lim\limits_{x\to 1}\dfrac{\sin x}{x}$.

解　根据初等函数的连续性，有 $\lim\limits_{x\to 1}\dfrac{\sin x}{x}=\dfrac{\sin 1}{1}=\sin 1$.

四、 闭区间上连续函数的性质

性质 1（最大值最小值定理）　在闭区间上连续的函数一定有最大值和最小值.

注　若两个条件中有一个不满足时，结论不一定成立.

例如，以下两个函数在相应区间上就没有最值：

(1) $f(x)=x$ 在 $(2,3)$ 上；(2) $f(x)=\begin{cases}x+1, & -1\leqslant x<0 \\ 0, & x=0, \\ x-1, & 0<x\leqslant 1\end{cases}$ 在 $[-1,1]$ 上.

性质 2（介值定理）　在闭区间上连续的函数一定可取得介于区间两端点的函数值间的任何值，即若函数 $f(x)$ 在 $[a,b]$ 上连续，且 $f(a)\neq f(b)$，η 为 $f(a)$ 与 $f(b)$ 之间的任意一个值，则至少存在一点 $c\in[a,b]$，使得 $f(c)=\eta$.

推论　(1) 在闭区间上连续的函数必取得介于最大值与最小值之间的任何值；

(2) 若函数 $f(x)$ 在 $[a,b]$ 上连续，且 $f(a)$ 与 $f(b)$ 异号，则至少存在一点 $c\in[a,b]$，使得 $f(c)=0$.

例 5　证明：方程 $e^x=3x$ 在区间 $[0,1]$ 内至少存在一个根.

证　设函数 $f(x)=e^x-3x$，有 $f(x)$ 在区间 $[0,1]$ 上连续. 又 $f(0)=1$，$f(1)=e-3$，故 $f(0)f(1)<0$，则可知在区间 $[0,1]$ 上至少存在一点 c，使得 $f(c)=0$.

习题二

（A）组

1. 观察下列数列的敛散性，若收敛，指出其极限：

(1) $x_n=\dfrac{3n-2}{n}$;

(2) $x_n=\dfrac{2^n+(-1)^n}{2^n}$;

(3) $x_n=1+\dfrac{(-1)^n}{n}$;

(4) $x_n=1+(-2)^n$;

(5) $x_n=\dfrac{\cos n\pi}{n}$;

(6) $x_n=\dfrac{n^3-1}{n}$.

2. 利用数列极限的定义证明：

(1) $\lim\limits_{n \to \infty} \dfrac{n}{n+1} = 1$;

(2) $\lim\limits_{n \to \infty} \dfrac{1}{\sqrt{n+1}} = 0$;

(3) $\lim\limits_{n \to \infty} \sin \dfrac{\pi}{n} = 0$;

(4) $\lim\limits_{n \to \infty} (\sqrt{n+1} - \sqrt{n}) = 0$;

(5) $\lim\limits_{n \to \infty} \dfrac{2^n}{n!} = 0$.

3. 求下列数列的极限:

(1) $\lim\limits_{n \to \infty} \dfrac{2n+1}{n^2}$;

(2) $\lim\limits_{n \to \infty} \dfrac{2n^3 + 3n^2 - 5}{7n^3 + 4n + 1}$;

(3) $\lim\limits_{n \to \infty} \left[\dfrac{1}{1 \cdot 2} + \dfrac{1}{2 \cdot 3} + \cdots + \dfrac{1}{n(n+1)} \right]$;

(4) $\lim\limits_{n \to \infty} \left(\dfrac{1}{2} + \dfrac{1}{2^2} + \dfrac{1}{2^3} + \cdots + \dfrac{1}{2^n} \right)$;

(5) $\lim\limits_{n \to \infty} \dfrac{1 + \dfrac{1}{2} + \dfrac{1}{2^2} + \dfrac{1}{2^3} + \cdots + \dfrac{1}{2^n}}{1 + \dfrac{1}{3} + \dfrac{1}{3^2} + \dfrac{1}{3^3} + \cdots + \dfrac{1}{3^n}}$;

(6) $\lim\limits_{n \to \infty} \dfrac{(-1)^n + 2^n}{(-1)^{n+1} + 2^{n+1}}$;

(7) $\lim\limits_{n \to \infty} (\sqrt[n]{1} + \sqrt[n]{2} + \cdots + \sqrt[n]{10})$;

(8) $\lim\limits_{n \to \infty} 2^n \sin \dfrac{x}{2^n}$ (x 为不等于零的常数, $n \in \mathbf{N}_+$).

4. 利用 $\lim\limits_{n \to \infty} \left(1 + \dfrac{1}{n} \right)^n = e$, 求下列数列的极限:

(1) $\lim\limits_{n \to \infty} \left(1 + \dfrac{1}{n} \right)^{n+1}$;

(2) $\lim\limits_{n \to \infty} \left(1 - \dfrac{3}{n} \right)^n$;

(3) $\lim\limits_{n \to \infty} \left(1 + \dfrac{1}{n+1} \right)^n$;

(4) $\lim\limits_{n \to \infty} \left(\dfrac{n+3}{n+1} \right)^n$.

5. 证明下列数列的极限存在, 并求出该极限值.

(1) $\lim\limits_{n \to \infty} (1^n + 2^n + 3^n)^{\frac{1}{n}}$;

(2) $\lim\limits_{n \to \infty} \left(\dfrac{1}{\sqrt{n^2+1}} + \dfrac{1}{\sqrt{n^2+2}} + \cdots + \dfrac{1}{\sqrt{n^2+n}} \right)$.

6. 求函数 $f(x) = \sqrt{9 - x^2} + \ln(2 - x)$ 的定义域.

7. 已知 $f(x) = 3x - 1$, 求 $f(a^2)$, $f(f(a))$, $[f(a)]^2$.

8. 已知 $f(x) = \begin{cases} \cos x, & x > 0 \\ 1 + x, & x < 0 \end{cases}$, 求 $f(x)$ 在 $x = 0$ 处的左、右极限,

并判断 $\lim\limits_{x \to 0} f(x)$ 是否存在.

9. 当 $x \to 1$ 时, 无穷小 $1 - x$ 和 (1) $1 - x^3$, (2) $\dfrac{1}{2}(1 - x^2)$ 是否同

阶? 是否等价?

10. 计算下列极限：

(1) $\lim\limits_{x\to 2}\dfrac{x^2-4x+4}{x^2-4}$；

(2) $\lim\limits_{h\to 0}\dfrac{(x+h)^2-x^2}{h}$；

(3) $\lim\limits_{x\to\infty}\dfrac{1-x^2}{2x^2-1}$；

(4) $\lim\limits_{x\to\infty}\dfrac{x+\sin x}{2x}$；

(5) $\lim\limits_{x\to\frac{\pi}{4}}\dfrac{\cos 2x}{\cos x-\sin x}$；

(6) $\lim\limits_{x\to 0}\dfrac{\sin 6x}{\sin 4x}$；

(7) $\lim\limits_{x\to\infty}x\sin\dfrac{2}{x}$；

(8) $\lim\limits_{x\to\infty}\left(1-\dfrac{1}{x}\right)^{kx}$（$k$ 为正整数）；

(9) $\lim\limits_{x\to\infty}\left(\dfrac{2-2x}{3-2x}\right)^x$；

(10) $\lim\limits_{x\to 0}\dfrac{\tan 3x}{\sin 2x}$；

(11) $\lim\limits_{x\to 0}\dfrac{\ln(1-2x)}{e^x-1}$；

(12) $\lim\limits_{x\to 1}\dfrac{x^2-4x+4}{x^2-4}$；

(13) $\lim\limits_{x\to 0}\dfrac{\sin x-\tan x}{\left(\sqrt[3]{1+x^2}-1\right)\left(\sqrt{1+\sin x}-1\right)}$.

11. 已知函数 $f(x)=\begin{cases}x+1, & x>-1\\ a+1, & x=-1\\ 2x-b, & x<-1\end{cases}$，在 $x=-1$ 处连续，求 a、b.

12. 下列函数在指出的点处间断，说明这些间断点属于哪一类，如果是可去间断点，那么补充或改变函数的定义使它连续.

(1) $f(x)=\begin{cases}x^2+1, & x<1\\ 2-x, & x\geqslant 1\end{cases}$，$x=1$；

(2) $f(x)=\dfrac{x^2-1}{x^2-3x+2}$，$x=1$，$x=2$；

(3) $f(x)=\dfrac{x}{\tan x}$，$x=k\pi$，$x=k\pi+\dfrac{\pi}{2}$（$k=0,\pm 1,\pm 2,\cdots$）；

(4) $f(x)=\cos^2\dfrac{1}{x}$，$x=0$；

(5) $f(x)=\dfrac{e^{\frac{1}{x}}-1}{e^{\frac{1}{x}}+1}$，$x=0$.

13. 证明：方程 $x\cdot 5^x=1$ 至少有一个小于 1 的正根.

14. 证明：方程 $x=a\sin x+b$，其中 $a>0$，$b>0$，至少有一个正根，并且它不超过 $a+b$.

（B）组

1. 求下列数列的极限：

(1) $\lim\limits_{n\to\infty}\left[\dfrac{1}{1\cdot 2}+\dfrac{1}{2\cdot 3}+\cdots+\dfrac{1}{n(n+1)}\right]^{\frac{1}{n}}$；

(2) $\lim\limits_{n\to\infty}\left(\dfrac{a^{\frac{1}{n}}+b^{\frac{1}{n}}+c^{\frac{1}{n}}}{3}\right)^{n}$ (其中 $a,b,c>0$);

(3) $\lim\limits_{n\to\infty}\left(\dfrac{1}{n^{2}+n+1}+\dfrac{2}{n^{2}+n+2}+\cdots+\dfrac{n}{n^{2}+n+n}\right)$.

2. 设 $x_{1}=2,x_{n+1}=\dfrac{1}{2}\left(x_{n}+\dfrac{1}{x_{n}}\right)(n\in\mathbf{N})$,证明:$\{x_{n}\}$极限存在,并求出该极限值.

3. 分别求出满足下列条件的常数:

(1) $\lim\limits_{n\to\infty}\left(\dfrac{n^{2}+1}{n+1}-an-b\right)=0$;

(2) $\lim\limits_{n\to\infty}\left(\sqrt{n^{2}-n+1}-an-b\right)=0$.

4. 若 $\alpha\sim\beta$,则在此极限状态下,不成立的是( ).

A. $\alpha+o(\alpha)\sim\beta+o(\beta)$ B. $o(\alpha)+o(\beta)=o(\alpha)$

C. $o(\alpha)\sim o(\beta)$ D. $\alpha+o(\beta)\sim\alpha$

5. 计算下列极限:

(1) $\lim\limits_{x\to+\infty}\sqrt{x}\left(\sqrt{x+2}-2\sqrt{x+1}+\sqrt{x}\right)$;

(2) $\lim\limits_{x\to0}\dfrac{\cos x+\cos^{2}x+\cdots+\cos^{n}x-n}{\cos x-1}$;

(3) $\lim\limits_{x\to0}\dfrac{\sin(x^{n})}{(\sin x)^{m}}(n,m$ 为正整数$)$.

6. 函数 $f(x)=\dfrac{|x|\sin(x-2)}{x(x-1)(x-2)^{2}}$ 在下列哪个区间上有界?
( )

A. $(-1,0)$ B. $(0,1)$ C. $(1,2)$ D. $(2,3)$

7. 讨论函数 $f(x)=\lim\limits_{n\to\infty}\dfrac{1-x^{2n}}{1+x^{2n}}x(n\in\mathbf{N}_{+})$ 的连续性,若有间断点,则判别其类型.

8. 证明:若$f(x)$在$[a,b]$上连续,$a<x_{1}<x_{2}<\cdots<x_{n}<b(n\geq3)$,则在$(x_{1},x_{n})$内至少有一点$\xi$,使得$f(\xi)=\dfrac{f(x_{1})+f(x_{2})+\cdots+f(x_{n})}{n}$.

9. 设$f(x)$在$[0,2a]$上连续,且$f(0)=f(2a)$. 求证:存在$\xi\in[0,a]$,使得$f(\xi)=f(\xi+a)$.

★ 习题二参考答案
见本页二维码

第三章

导数与微分

导数与微分是微积分中的两个基本概念. 导数与微分都是建立在函数极限的基础之上的,其中导数的概念是在于刻画瞬时变化率,微分的概念则在于刻画瞬时改变量,微分与导数的概念紧密相关,它给出了函数在局部范围内的线性近似. 本章主要介绍导数的概念、基本的求导公式与运算法则,以及微分的概念.

第一节 导数的概念

在实际生活中,经常会需要了解函数相对于自变量变化而变化的快慢问题,即函数的变化率. 而导数就是用来描述函数变化率的一个重要概念.

一、引例

1. 变速直线运动的瞬时速度

设一质点做直线运动,它所经历的路程 s 与时间 t 的函数为 $s = s(t)$,求质点在 t_0 时刻的瞬时速度 $v(t_0)$.

瞬时速度的概念并不神秘,它可以通过平均速度的概念来把握. 根据牛顿第一运动定律,物体运动具有惯性,不管它的速度变化多么快,在一段充分短的时间内,它的速度变化总是不大的,可以近似看成匀速运动.通常把这种近似代替称为"以匀代不匀".

任取接近 t_0 时刻的时刻 $t_0 + \Delta t$,相应的路程改变量为 $\Delta s = s(t_0 + \Delta t) - s(t_0)$,则质点在时间间隔 $[t_0, t_0 + \Delta t]$ 或 $[t_0 + \Delta t, t_0]$ 内的平均速度为 $\bar{v} = \dfrac{\Delta s}{\Delta t}$. 显然,当时间间隔 $|\Delta t|$ 越小时,质点的平均速度 $\bar{v}$ 越趋近于 t_0 时刻的瞬时速度. 因此,若当 $\Delta t \to 0$ 时,平均速度 $\bar{v}$ 的极限存在,则称极限 $\lim\limits_{\Delta t \to 0} \dfrac{s(t_0 + \Delta t) - s(t_0)}{\Delta t}$ 为质点在时刻 t_0 的瞬时速度 $v(t_0)$.

2. 平面曲线的切线的斜率

已知曲线方程 $y = f(x)$，$P(x_0, y_0)$ 是其上一点，求 $y = f(x)$ 通过点 P 的切线方程.

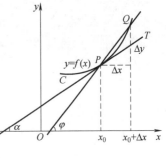

如图 3-1 所示，曲线 $y = f(x)$ 在其上一点 $P(x_0, y_0)$ 处的切线 PT 是当动点 Q 沿此曲线无限接近于点 P 时割线 PQ 的极限位置，由于割线 PQ 的斜率为

$$\bar{k} = \tan \varphi = \frac{\Delta y}{\Delta x} = \frac{f(x_0 + \Delta x) - f(x_0)}{\Delta x}.$$

因此，若当 $\Delta x \to 0$ 时，$\bar{k}$ 的极限存在，则极限 $\lim\limits_{\Delta x \to 0} \dfrac{f(x_0 + \Delta x) - f(x_0)}{\Delta x}$

图　3-1

即为切线 PT 的斜率 k.

3. 产品总成本的变化率

设某产品的总成本 C 是产量 q 的函数，即 $C = f(q)$. 当产量由 q_0 变到 $q_0 + \Delta q$ 时，总成本相应的改变量为

$$\Delta C = f(q_0 + \Delta q) - f(q_0),$$

故当产量由 q_0 变到 $q_0 + \Delta q$ 时，总成本的平均变化率为

$$\frac{\Delta C}{\Delta q} = \frac{f(q_0 + \Delta q) - f(q_0)}{\Delta q}.$$

当 $\Delta q \to 0$ 时，如果极限

$$\lim_{\Delta q \to 0} \frac{\Delta C}{\Delta q} = \lim_{\Delta q \to 0} \frac{f(q_0 + \Delta q) - f(q_0)}{\Delta q}$$

存在，则称该极限为产量取 q_0 时总成本的变化率.

以上的三个例子虽然反映了三个不同的具体问题，但是最终它们的数学模型都是一样的，都可以归结为计算函数的改变量与自变量的改变量之比在自变量改变量趋近于 0 时的极限，即形如

$$\lim_{\Delta x \to 0} \frac{f(x_0 + \Delta x) - f(x_0)}{\Delta x}$$

的极限问题. 在自然科学与工程技术领域中（诸如物质比热容、电流、线密度、人口增长率等），尽管它们的物理背景各不相同，但最终都可以归结为这种极限形式. 为了统一解决这些问题，引进"导数"的概念.

二、　导数的定义

1. 在某点处的导数定义

定义 1　设函数 $y = f(x)$ 在点 x_0 的某邻域内有定义，当自变量 x 从 x_0 改变到 $x_0 + \Delta x$（点 $x_0 + \Delta x$ 仍在该邻域内）时，函数 $f(x)$ 取对应改变量 $\Delta y = f(x_0 + \Delta x) - f(x_0)$，若极限

$$\lim_{\Delta x \to 0} \frac{f(x_0 + \Delta x) - f(x_0)}{\Delta x} \tag{3-1}$$

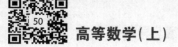

存在,则称函数 $f(x)$ 在点 x_0 处可导,并称此极限值为 $f(x)$ 在点 x_0 处的导数,记作 $f'(x_0)$,$y'\big|_{x=x_0}$,$\dfrac{\mathrm{d}y}{\mathrm{d}x}\Big|_{x=x_0}$ 或 $\dfrac{\mathrm{d}f(x)}{\mathrm{d}x}\Big|_{x=x_0}$,即 $f'(x_0)=$
$$\lim_{\Delta x\to 0}\frac{f(x_0+\Delta x)-f(x_0)}{\Delta x}.$$

若令 $x=x_0+\Delta x$,则当 $\Delta x\to 0$ 时,$x\to x_0$. 于是,式(3-1)可改写为

$$f'(x_0)=\lim_{x\to x_0}\frac{f(x)-f(x_0)}{x-x_0}. \tag{3-2}$$

若令 $h=\Delta x$,则有 $f'(x_0)=\lim\limits_{h\to 0}\dfrac{f(x_0+h)-f(x_0)}{h}$.

若式(3-1)或式(3-2)的极限不存在,则称 $f(x)$ 在点 x_0 处不可导.

导数表示的是函数增量 Δy 与自变量增量 Δx 比值 $\dfrac{\Delta y}{\Delta x}$ 的极限,我们称导数 $f'(x_0)$ 为 $f(x)$ 在 x_0 处关于 x_0 的变化率. 因此,引例中瞬时速度 $v(t_0)=s'(t_0)$,曲线上一点处切线的斜率 $k=f'(x_0)$,总成本的变化率为 $f'(q_0)$.

注　（1）对于在点 x_0 处连续的函数 $f(x)$,当极限 $\lim\limits_{\Delta x\to 0}\dfrac{f(x_0+\Delta x)-f(x_0)}{\Delta x}=\infty$ 时,虽然导数不存在,但是为了方便,也称 $f(x)$ 在点 x_0 处的导数为无穷大,且记作 $f'(x_0)=\infty$（此时不可导）,因为此时 $f(x)$ 在点 x_0 处切线存在,它是垂直于 x 轴的直线 $x=x_0$. 今后,若没有特别说明,"函数可导"均指函数存在有限导数值.

（2）若函数 $f(x)$ 在点 x_0 处可导,试问 $f'(x_0)$ 与 $[f(x_0)]'$ 有何区别? $f'(x_0)$ 是函数 $f(x)$ 在点 x_0 处的导数值,而 $[f(x_0)]'$ 是常数 $f(x_0)$ 的导数.

例1　求函数 $f(x)=x^2$ 在点 $x=1$ 处的导数.

解　由定义知,$f'(1)=\lim\limits_{\Delta x\to 0}\dfrac{f(1+\Delta x)-f(1)}{\Delta x}=\lim\limits_{\Delta x\to 0}\dfrac{(1+\Delta x)^2-1}{\Delta x}$
$$=\lim_{\Delta x\to 0}\frac{2\Delta x+\Delta x^2}{\Delta x}=\lim_{\Delta x\to 0}(2+\Delta x)=2.$$

例2　假设 $f'(x_0)$ 存在,根据导数的定义求下列极限.

（1）$\lim\limits_{\Delta x\to 0}\dfrac{f(x_0-\Delta x)-f(x_0)}{\Delta x}$;

（2）$\lim\limits_{h\to 0}\dfrac{f(x_0+h)-f(x_0-h)}{h}$.

解　由定义知,

（1）$\lim\limits_{\Delta x\to 0}\dfrac{f(x_0-\Delta x)-f(x_0)}{\Delta x}=-\lim\limits_{\Delta x\to 0}\dfrac{f(x_0+(-\Delta x))-f(x_0)}{-\Delta x}$
$$=-f'(x_0);$$

（2）$\lim\limits_{h \to 0} \dfrac{f(x_0 + h) - f(x_0 - h)}{h}$

$$= \lim\limits_{h \to 0} \dfrac{[f(x_0 + h) - f(x_0)] - [f(x_0 - h) - f(x_0)]}{h}$$

$$= \lim\limits_{h \to 0} \left[\dfrac{f(x_0 + h) - f(x_0)}{h} + \dfrac{f(x_0 - h) - f(x_0)}{-h} \right]$$

$$= f'(x_0) + f'(x_0) = 2f'(x_0).$$

注 一般地，根据导数定义可得，当 $f'(x_0)$ 存在时，m、n 为任意实数，则有 $\lim\limits_{h \to 0} \dfrac{f(x_0 + mh) - f(x_0 + nh)}{h} = (m - n)f'(x_0)$.

2. 单侧导数

由于导数是函数的增量与自变量增量的比值的极限，自然可以考虑当自变量 x 从点 x_0 的两侧趋向于 x_0 的单侧极限，从而可以定义单侧导数.

定义 2 设函数 $y = f(x)$ 在点 x_0 的某右邻域 $(x_0, x_0 + \delta)$ 有定义，若右极限

$$\lim\limits_{\Delta x \to 0^+} \dfrac{\Delta y}{\Delta x} = \lim\limits_{\Delta x \to 0^+} \dfrac{f(x_0 + \Delta x) - f(x_0)}{\Delta x} \qquad (3\text{-}3)$$

存在，则称该极限值为 $f(x)$ 在点 x_0 的**右导数**，记作 $f'_+(x_0)$，即

$$f'_+(x_0) = \lim\limits_{\Delta x \to 0^+} \dfrac{f(x_0 + \Delta x) - f(x_0)}{\Delta x}.$$

类似地，我们可以定义**左导数**

$$f'_-(x_0) = \lim\limits_{\Delta x \to 0^-} \dfrac{f(x_0 + \Delta x) - f(x_0)}{\Delta x}. \qquad (3\text{-}4)$$

右导数和左导数统称为**单侧导数**.

如同左、右极限与极限之间的关系，我们有

定理 1 若函数 $y = f(x)$ 在点 x_0 的某邻域内有定义，则 $f'(x_0)$ 存在的充要条件是 $f'_+(x_0)$ 与 $f'_-(x_0)$ 都存在，且 $f'_+(x_0) = f'_-(x_0)$.

例 3 设 $f(x) = \begin{cases} 1 - \cos x, & x \geqslant 0 \\ x, & x < 0 \end{cases}$，讨论 $f(x)$ 在 $x = 0$ 处的左、右导数与导数.

解 由于

$$\dfrac{f(0 + \Delta x) - f(0)}{\Delta x} = \begin{cases} \dfrac{1 - \cos \Delta x}{\Delta x}, & \Delta x > 0 \\ 1, & \Delta x < 0 \end{cases},$$

因此，$f'_+(0) = \lim\limits_{\Delta x \to 0^+} \dfrac{1 - \cos \Delta x}{\Delta x} = 0$，$f'_-(0) = \lim\limits_{\Delta x \to 0^-} 1 = 1$.

因为 $f'_+(0) \neq f'_-(0)$，所以 $f(x)$ 在 $x = 0$ 处不可导.

注 （1）上例说明，一个函数在某点左可导（左导数存在）且右

可导(右导数存在),未必有该函数在该点可导.

(2) 对于分段点两侧函数不一样的分段函数必须先要讨论左、右导数.

例如:$f(x) = \begin{cases} g(x), & x \geqslant x_0 \\ h(x), & x < x_0 \end{cases}$ 或 $f(x) = \begin{cases} g(x), & x > x_0 \\ h(x), & x \leqslant x_0 \end{cases}$ 或

$f(x) = \begin{cases} g(x), & x > x_0 \\ A, & x = x_0 \\ h(x), & x < x_0 \end{cases}$ 这类分段函数,因为在分段点两侧函数不一

样,因此先要讨论左、右导数,然后根据左、右导数的关系来确定是否在分段点处可导.

3. 导函数

定义3 如果 $f(x)$ 在开区间 (a,b) 内的每一点都可导,则称 **$f(x)$ 在开区间 (a,b) 内可导**;如果 $f(x)$ 在开区间 (a,b) 内可导,且在 a 点处存在右导数,在 b 点处存在左导数,则称 **$f(x)$ 在闭区间 $[a,b]$ 上可导**.

若函数 $f(x)$ 在区间 (a,b) 内可导,此时对每一个 $x \in (a,b)$,都有 $f(x)$ 的唯一导数值 $f'(x)$ 与之对应. 这样就定义了一个函数,称 $f'(x)$ 为 $f(x)$ 在区间 (a,b) 内的**导函数**,简称为**导数**. 记作 $f'(x)$,y' 或 $\dfrac{\mathrm{d}y}{\mathrm{d}x}$,即

$$f'(x) = \lim_{\Delta x \to 0} \frac{f(x+\Delta x) - f(x)}{\Delta x}, x \in (a,b). \tag{3-5}$$

注 (1) 函数 $y = f(x)$ 在点 x_0 处的导数 $f'(x_0)$ 就是导函数 $f'(x)$ 在点 $x = x_0$ 处的函数值,即 $f'(x_0) = f'(x)|_{x=x_0}$.

(2) 我们可以把 $\dfrac{\mathrm{d}y}{\mathrm{d}x}$ 看作一个整体,也可以把它理解为 $\dfrac{\mathrm{d}}{\mathrm{d}x}$ 施加于 y 的求导运算,在"微分"之后,我们将说明这个记号实际上是一个"商". 相应于上述各种表示导数的形式,$f'(x_0)$ 有时也写作 $y'|_{x=x_0}$ 或 $\dfrac{\mathrm{d}y}{\mathrm{d}x}\Big|_{x=x_0}$.

(3) 用定义计算 $y = f(x)$ 的导数的一般步骤:① 求增量 $\Delta y = f(x+\Delta x) - f(x)$;② 算比值 $\dfrac{\Delta y}{\Delta x} = \dfrac{f(x+\Delta x) - f(x)}{\Delta x}$;③ 取极限 $f'(x) = \lim\limits_{\Delta x \to 0} \dfrac{f(x+\Delta x) - f(x)}{\Delta x}$.

例4 证明:

(1) $(C)' = 0$,C 为任意常数;

(2) $(x^n)' = nx^{n-1}$,n 为正整数;

(3) $(\sin x)' = \cos x$;

（4）$(\log_a x)' = \dfrac{1}{x\ln a}(a>0, a\neq 1, x>0)$.

证　（1）由于 $\dfrac{\Delta y}{\Delta x} = \dfrac{C-C}{\Delta x} = 0$，故 $(C)' = \lim\limits_{\Delta x\to 0}\dfrac{\Delta y}{\Delta x} = 0$.

（2）由于 $\dfrac{\Delta y}{\Delta x} = \dfrac{(x+\Delta x)^n - x^n}{\Delta x}$

$$= C_n^1 x^{n-1} + C_n^2 x^{n-2}\Delta x + \cdots + C_n^n(\Delta x)^{n-1},$$

因此，

$$y' = \lim_{\Delta x\to 0}\frac{\Delta y}{\Delta x} = \lim_{\Delta x\to 0}\left[C_n^1 x^{n-1} + C_n^2 x^{n-2}\Delta x + \cdots + C_n^n(\Delta x)^{n-1}\right] = C_n^1 x^{n-1}$$

$$= nx^{n-1}.$$

（3）由于

$$\frac{\Delta y}{\Delta x} = \frac{\sin(x+\Delta x) - \sin x}{\Delta x} = \frac{2\sin\dfrac{\Delta x}{2}\cos\left(x+\dfrac{\Delta x}{2}\right)}{\Delta x}$$

$$= \frac{\sin\dfrac{\Delta x}{2}}{\dfrac{\Delta x}{2}}\cdot\cos\left(x+\frac{\Delta x}{2}\right),$$

且 $\cos x$ 是 $(-\infty, +\infty)$ 上的连续函数，因此得到

$$(\sin x)' = \lim_{\Delta x\to 0}\frac{\sin\dfrac{\Delta x}{2}}{\dfrac{\Delta x}{2}}\cdot\lim_{\Delta x\to 0}\cos\left(x+\frac{\Delta x}{2}\right) = \cos x.$$

（4）由于 $\dfrac{\Delta y}{\Delta x} = \dfrac{\log_a(x+\Delta x) - \log_a x}{\Delta x} = \dfrac{1}{\Delta x}\log_a\left(1+\dfrac{\Delta x}{x}\right) = \dfrac{1}{x}\log_a\left(1+\right.$

$\left.\dfrac{\Delta x}{x}\right)^{\frac{x}{\Delta x}}$，所以 $(\log_a x)' = \lim\limits_{\Delta x\to 0}\dfrac{1}{x}\log_a\left(1+\dfrac{\Delta x}{x}\right)^{\frac{x}{\Delta x}} = \dfrac{1}{x}\log_a e = \dfrac{1}{x\ln a}$.

注　仿照例 4，运用导数的定义，我们可以得到下列基本初等函数的求导公式.

（1）$(C)' = 0$，C 为常数；　　（2）$(x^\alpha)' = \alpha x^{\alpha-1}$，$\alpha\neq 0$ 为常数；

（3）$(\sin x)' = \cos x$；　　　　（4）$(\cos x)' = -\sin x$；

（5）$(a^x)' = a^x\ln a$ $(a>0, a\neq 1, x>0)$. 特别地，$(e^x)' = e^x$；

（6）$(\log_a x)' = \dfrac{1}{x\ln a}(a>0, a\neq 1, x>0)$. 特别地，$(\ln x)' = \dfrac{1}{x}$

$(x>0)$.

例 5　（1）设 $f(x) = \begin{cases} x^2, & x\neq 1 \\ \dfrac{1}{2}, & x=1 \end{cases}$，求 $f'(x)$.

（2）设 $f(x) = \begin{cases} x, & x<0 \\ \sin x, & x\geq 0 \end{cases}$，求 $f'(x)$.

解　（1）当 $x\neq 1$ 时，$f(x) = x^2$，故 $f'(x) = 2x$；

当 $x = 1$ 时,由于 $x = 1$ 为分段点,其左、右两侧的函数相同,所以直接由导数的定义有

$$f'(1) = \lim_{\Delta x \to 0} \frac{f(1 + \Delta x) - f(1)}{\Delta x} = \lim_{\Delta x \to 0} \frac{(1 + \Delta x)^2 - \frac{1}{2}}{\Delta x} = \infty,$$

因此,$f(x)$ 在 $x = 1$ 处不可导,故 $f'(x) = 2x, x \neq 1$.

(2) 当 $x < 0$ 时,$f(x) = x$,故 $f'(x) = 1$;当 $x > 0$ 时,$f(x) = \sin x$,故 $f'(x) = \cos x$.

当 $x = 0$ 时,由于 $x = 0$ 为分段点,其左、右两侧的函数不同,所以先讨论分段点处的左、右导数,即

$$f'_{-}(0) = \lim_{\Delta x \to 0^-} \frac{f(0 + \Delta x) - f(0)}{\Delta x} = \lim_{\Delta x \to 0^-} \frac{\Delta x}{\Delta x} = 1,$$

$$f'_{+}(0) = \lim_{\Delta x \to 0^+} \frac{f(0 + \Delta x) - f(0)}{\Delta x} = \lim_{\Delta x \to 0^+} \frac{\sin(\Delta x)}{\Delta x} = 1,$$

由于 $f'_{+}(0) = f'_{-}(0) = 1$,因此 $f(x)$ 在 $x = 0$ 处可导,且 $f'(0) = 1$,故

$$f'(x) = \begin{cases} \cos x, & x > 0 \\ 1, & x \leqslant 0 \end{cases}.$$

注 求分段函数导数的方法:

(1) 在定义域的子区间内直接用求导公式求导;

(2) 分段点处必须用定义求导,若分段点处两侧函数不同,则先要讨论左、右导数,然后根据左、右导数的关系来确定是否在分段点处可导.

三、 导数的几何意义

由切线问题和导数定义,我们知道如果函数 $y = f(x)$ 在点 x_0 处可导,导数 $f'(x_0)$ 的几何意义是 $f'(x_0)$ 为曲线 $y = f(x)$ 在点 $(x_0, f(x_0))$ 处的切线斜率.

若 α 表示这条切线与 x 轴正向的夹角, 则 $f'(x_0) = \tan \alpha$. 从而 $f'(x_0) > 0$ 意味着切线与 x 轴正向的夹角为锐角;$f'(x_0) < 0$ 意味着切线与 x 轴正向的夹角为钝角;$f'(x_0) = 0$ 表示切线与 x 轴平行.

因此,当 $y = f(x)$ 在点 x_0 处可导时,曲线 $y = f(x)$ 在点 (x_0, y_0) 的**切线方程**是

$$y - y_0 = f'(x_0)(x - x_0).$$

如果 $f'(x_0) \neq 0$,则曲线 $y = f(x)$ 在点 (x_0, y_0) 的**法线方程**是

$$y - y_0 = \frac{-1}{f'(x_0)}(x - x_0).$$

若 $f'(x_0) = 0$,则曲线 $y = f(x)$ 在点 (x_0, y_0) 处具有平行于 x 轴的切线,切线方程是 $y = y_0$,法线方程是 $x = x_0$.

若 $f'(x_0) = \infty$(此时导数不存在,夹角是 $90°$),则曲线 $y = f(x)$ 在点 (x_0, y_0) 处具有垂直于 x 轴的切线,切线方程是 $x = x_0$,法线方程

是 $y = y_0$.

例 6 求曲线 $y = x^3$ 在点 $P(1,1)$ 处的切线方程和法线方程.

解 $y' = 3x^2$，$y'|_{x=1} = 3x^2|_{x=1} = 3$，从而过点 P 的切线斜率为 $k = 3$，法线的斜率为 $k_1 = -\dfrac{1}{3}$，所以切线方程为

$$y - 1 = 3(x - 1)，即 y = 3x - 2,$$

法线方程为

$$y - 1 = -\frac{1}{3}(x - 1)，即 y = -\frac{1}{3}x + \frac{4}{3}.$$

四、可导与连续的关系

若函数 $y = f(x)$ 在点 x_0 处连续，则有 $\lim\limits_{\Delta x \to 0} \Delta y = 0$. 若 $y = f(x)$ 在点 x_0 处可导，则有 $\lim\limits_{\Delta x \to 0} \dfrac{\Delta y}{\Delta x}$ 存在. 那么可导与连续之间有什么关系呢?

定理 2 若函数 $f(x)$ 在点 x_0 处可导，则 $f(x)$ 在点 x_0 处连续.

证 由函数 $f(x)$ 在点 x_0 处可导，则有 $\lim\limits_{\Delta x \to 0} \dfrac{\Delta y}{\Delta x}$ 存在，于是

$$\lim_{\Delta x \to 0} \Delta y = \lim_{\Delta x \to 0} \left(\frac{\Delta y}{\Delta x} \cdot \Delta x \right) = \lim_{\Delta x \to 0} \frac{\Delta y}{\Delta x} \cdot \lim_{\Delta x \to 0} \Delta x = 0.$$

因此，$f(x)$ 在点 x_0 处连续.

例 7 讨论函数 $y = |x|$ 在 $x = 0$ 处的连续性、可导性.

解 因为 $y = |x| = \begin{cases} x, & x \geqslant 0 \\ -x, & x < 0 \end{cases}$，所以 $\lim\limits_{\Delta x \to 0} \Delta y = \lim\limits_{\Delta x \to 0} |\Delta x| = 0$，即 $y = |x|$ 在 $x = 0$ 处连续.

当 $\Delta x \neq 0$ 时，$\dfrac{\Delta y}{\Delta x} = \dfrac{|\Delta x|}{\Delta x} = \begin{cases} 1, & \Delta x > 0 \\ -1, & \Delta x < 0 \end{cases}$，所以

$$f'_-(0) = \lim_{\Delta x \to 0^-} \frac{\Delta y}{\Delta x} = -1，f'_+(0) = \lim_{\Delta x \to 0^+} \frac{\Delta y}{\Delta x} = 1.$$

由于 $f'_-(0) \neq f'_+(0)$，所以 $f(x)$ 在 $x = 0$ 处不可导.

注 （1）可导仅是函数在该点连续的充分条件，而不是必要条件，如例 7 中的 $f(x) = |x|$ 在点 $x = 0$ 处连续，但不可导.

（2）其逆否命题为：若函数 $f(x)$ 在点 x_0 处不连续，则 $f(x)$ 在点 x_0 处不可导. 此命题可作为判断一个函数不可导的依据.

（3）函数 $f(x)$ 在点 x_0 处不可导的几种情形：① 函数在该点不连续；② 函数在该点的左、右导数中至少有一个不存在；③ 函数在该点的左、右导数都存在，但是不相等.

例 8 已知函数 $f(x) = \begin{cases} e^x, & x \geqslant 0 \\ ax + b, & x < 0 \end{cases}$，问 a、b 为何值时，函数 $f(x)$ 在 $x = 0$ 处可导?

解 由 $f(x)$ 在 $x=0$ 处可导知，$f(x)$ 在 $x=0$ 处连续，即

$$\lim_{x \to 0^-} f(x) = \lim_{x \to 0^+} f(x) = f(0).$$

而 $\lim_{x \to 0^+} f(x) = \lim_{x \to 0^+} e^x = 1$，$\lim_{x \to 0^-} f(x) = \lim_{x \to 0^-}(ax+b) = b$，$f(0) = 1$.

故由连续性有 $b=1$. 又由 $f(x)$ 在 $x=0$ 处可导知 $f'_-(0) = f'_+(0)$，而

$$f'_-(0) = \lim_{\Delta x \to 0^-} \frac{\Delta y}{\Delta x} = \lim_{\Delta x \to 0^-} \frac{a\Delta x + b - 1}{\Delta x} = a,$$

$$f'_+(0) = \lim_{\Delta x \to 0^+} \frac{\Delta y}{\Delta x} = \lim_{\Delta x \to 0^+} \frac{e^{\Delta x} - 1}{\Delta x} = 1,$$

所以 $a=1$.

故 $a=1$，$b=1$ 时，函数 $f(x)$ 在 $x=0$ 处可导.

第二节 求 导 法 则

上一节我们用导数的定义求出了一些简单函数的导数，对于较复杂的函数，虽然也可以用定义来求，但通常极为烦琐. 本节将介绍一些求函数导数的基本法则，利用这些法则能较简单地求出常见函数的导数.

一、函数的和、差、积、商的求导法则

定理1 若函数 $u(x)$ 和 $v(x)$ 在 x 处可导，则它们的和、差、积、商（分母不为零）在 x 处也可导，且有如下公式：

(1) $[u(x) \pm v(x)]' = u'(x) \pm v'(x)$；

(2) $[u(x)v(x)]' = u'(x)v(x) + u(x)v'(x)$；

(3) $\left[\dfrac{u(x)}{v(x)}\right]' = \dfrac{u'(x)v(x) - u(x)v'(x)}{[v(x)]^2}$，$v(x) \neq 0$.

证 (1) $[u(x) \pm v(x)]'$

$$= \lim_{\Delta x \to 0} \frac{[u(x+\Delta x) \pm v(x+\Delta x)] - [u(x) \pm v(x)]}{\Delta x}$$

$$= \lim_{\Delta x \to 0} \frac{u(x+\Delta x) - u(x)}{\Delta x} \pm \lim_{\Delta x \to 0} \frac{v(x+\Delta x) - v(x)}{\Delta x}$$

$$= u'(x) \pm v'(x).$$

(2) $[u(x)v(x)]' = \lim_{\Delta x \to 0} \dfrac{u(x+\Delta x)v(x+\Delta x) - u(x)v(x)}{\Delta x}$

$$= \lim_{\Delta x \to 0} \frac{[u(x+\Delta x)v(x+\Delta x) - u(x)v(x+\Delta x)] + [u(x)v(x+\Delta x) - u(x)v(x)]}{\Delta x}$$

$$= \lim_{\Delta x \to 0} \frac{u(x+\Delta x) - u(x)}{\Delta x} \cdot v(x+\Delta x) + \lim_{\Delta x \to 0} u(x) \cdot \frac{v(x+\Delta x) - v(x)}{\Delta x}$$

$$= u'(x)v(x) + u(x)v'(x).$$

（3） $\left[\dfrac{u(x)}{v(x)}\right]'$

$$= \lim_{\Delta x \to 0} \frac{u(x+\Delta x)/v(x+\Delta x) - u(x)/v(x)}{\Delta x}$$

$$= \lim_{\Delta x \to 0} \frac{[u(x+\Delta x)/\Delta x] \cdot v(x) - [u(x)/\Delta x] \cdot v(x+\Delta x)}{v(x) \cdot v(x+\Delta x)}$$

$$= \frac{\lim_{\Delta x \to 0}\left[\dfrac{u(x+\Delta x)-u(x)}{\Delta x} \cdot v(x) - u(x) \cdot \dfrac{v(x+\Delta x)-v(x)}{\Delta x}\right]}{\lim_{\Delta x \to 0} v(x) \cdot v(x+\Delta x)}$$

$$= \frac{u'(x)v(x) - u(x)v'(x)}{[v(x)]^2}, v(x) \neq 0.$$

推论 1 （1）设函数 $u = u(x)$ 可导，c 为常数，则 $[cu(x)]' = cu'(x)$.

（2）设函数 $v = v(x)$ 可导，且 $v(x) \neq 0$，则 $\left[\dfrac{1}{v(x)}\right]' = -\dfrac{v'(x)}{[v(x)]^2}$.

定理 1 的结论（1）和结论（2）可以推广到任意有限个函数的情形.

推论 2 （1）设函数 $u_i(x), (i = 1, 2, \cdots, n)$ 都可导，则

$[a_1 u_1(x) + \cdots + a_n u_n(x)]' = a_1 u_1'(x) + \cdots + a_n u_n'(x)$，其中，$a_1, \cdots, a_n$ 为常数；

$[u_1(x)u_2(x)\cdots u_n(x)]'$
$= u_1'(x)u_2(x)\cdots u_n(x) + u_1(x)u_2'(x)u_3(x)\cdots u_n(x) + \cdots + u_1(x)\cdots u_{n-1}(x)u_n'(x)$.

（2）设函数 $f(x)$ 可导，n 为正整数，则

$$\{[f(x)]^n\}' = n[f(x)]^{n-1} \cdot f'(x),$$
$$\{[f(x)]^{-n}\}' = -n[f(x)]^{-n-1} \cdot f'(x).$$

例 1 求下列函数的导数.

（1）设 $f(x) = x^3 + 5x^2 - 9x + 1$，求 $f'(x)$.

（2）设 $y = \sqrt{x}\sin x + \tan \dfrac{\pi}{8}$，$y'|_{x=1}$.

（3）设 $f(x) = e^x(\sin x + \cos x)$，求 $f'(x)$.

解 （1）$f'(x) = (x^3)' + 5(x^2)' - 9(x)' = 3x^2 + 10x - 9$.

（2）$y' = (\sqrt{x}\sin x)' + \left(\tan \dfrac{\pi}{8}\right)' = (\sqrt{x})'\sin x + \sqrt{x}(\sin x)' = $

$\dfrac{1}{2\sqrt{x}}\sin x + \sqrt{x}\cos x$，故 $y'|_{x=1} = \dfrac{\sin 1}{2} + \cos 1$.

（3）$f'(x) = (e^x)'(\sin x + \cos x) + e^x(\sin x + \cos x)'$
$\qquad = e^x(\sin x + \cos x) + e^x(\cos x - \sin x) = 2e^x\cos x$.

例 2 证明：$(\tan x)' = \sec^2 x, (\sec x)' = \sec x\tan x$.

证 $(\tan x)' = \left(\dfrac{\sin x}{\cos x} \right)' = \dfrac{(\sin x)'\cos x - \sin x(\cos x)'}{\cos^2 x}$

$$= \frac{\cos^2 x + \sin^2 x}{\cos^2 x} = \frac{1}{\cos^2 x} = \sec^2 x.$$

$(\sec x)' = \left(\dfrac{1}{\cos x} \right)' = -\dfrac{(\cos x)'}{\cos^2 x} = \dfrac{\sin x}{\cos^2 x} = \dfrac{1}{\cos x}\dfrac{\sin x}{\cos x} = \sec x\tan x.$

用类似方法可得公式: $(\cot x)' = -\csc^2 x$, $(\csc x)' = -\csc x\cot x$.
以上四个三角函数的求导公式今后可作为结论使用.

例3 设函数 $f(x) = x(x+1)(x+2)\cdots(x+n), n \in \mathbf{N}$, 求 $f'(0)$.

解 方法一: 由定义

$$f'(0) = \lim_{\Delta x \to 0} \frac{f(\Delta x) - f(0)}{\Delta x} = \lim_{\Delta x \to 0} \frac{\Delta x(\Delta x + 1)(\Delta x + 2)\cdots(\Delta x + n)}{\Delta x}$$

$$= \lim_{\Delta x \to 0}(\Delta x + 1)(\Delta x + 2)\cdots(\Delta x + n) = n!.$$

方法二: 由推论2得

$$f'(x) = (x+1)(x+2)\cdots(x+n) + x(x+2)\cdots(x+n) + \cdots + x(x+1)(x+2)\cdots(x+n-1)$$

故 $f'(0) = n!.$

二、 反函数的求导法则

前面已经讲过, 若函数 $x = \varphi(y)$ 在区间 I 上连续且严格单调, 则 $x = \varphi(y)$ 的值域 $\varphi(I)$ 也是区间, 反函数在区间 $\varphi(I)$ 上连续并严格单调. 现设 $x = \varphi(y)$ 在 y_0 处可导, $x_0 = \varphi(y_0)$, 问其反函数 $y = f(x)$ 在点 x_0 处是否可导? 若可导, 它的导数 $f'(x_0)$ 与 $\varphi'(y_0)$ 有什么关系呢? 下面给出反函数求导公式.

定理2 设 $x = \varphi(y)$ 在区间 I 内单调可导, 且 $\varphi'(y) \neq 0$, $y = f(x)$ 为其反函数, 则 $y = f(x)$ 在区间 $\varphi(I) = \{x \mid x = \varphi(y), y \in I\}$ 内可导, 且

$$f'(x) = \frac{1}{\varphi'(y)}.$$

证 因为 $x = \varphi(y)$ 在区间 I 内单调可导, 从而连续. 于是, $x = \varphi(y)$ 的反函数 $y = f(x)$ 存在, 且在对应区间上单调连续, 对该区间内任意的 $x, x + \Delta x(\Delta x \neq 0)$, 有

$$f'(x) = \lim_{\Delta x \to 0} \frac{\Delta y}{\Delta x} = \lim_{\Delta y \to 0} \frac{\Delta y}{\Delta x} = \frac{1}{\lim\limits_{\Delta y \to 0} \dfrac{\Delta x}{\Delta y}} = \frac{1}{\varphi'(y)}.$$

注 $f'(x)$ 和 $\varphi'(y)$ 中的符号 "'" 均表示求导, 但是意义不同; $f'(x)$ 表示函数 $y = f(x)$ 对自变量 x 的导数, 而 $\varphi'(y)$ 则表示函数 $x = \varphi(y)$ 对自变量的 y 导数.

例 4 证明：

（1）$(\arcsin x)' = \dfrac{1}{\sqrt{1-x^2}}, x \in (-1,1)$；

（2）$(\arctan x)' = \dfrac{1}{1+x^2}, x \in (-\infty, \infty)$.

证 （1）由于 $y = \arcsin x, x \in (-1,1)$ 是 $x = \sin y, y \in \left(-\dfrac{\pi}{2}, \dfrac{\pi}{2}\right)$ 的反函数，而 $x = \sin y$ 在 $\left(-\dfrac{\pi}{2}, \dfrac{\pi}{2}\right)$ 内单调可导，且 $(\sin y)' = \cos y > 0$. 因此，在 $(-1,1)$ 内有

$$(\arcsin x)' = \frac{1}{(\sin y)'} = \frac{1}{\cos y} = \frac{1}{\sqrt{1-\sin^2 y}} = \frac{1}{\sqrt{1-x^2}}.$$

用类似的方法，可求反余弦函数的导数公式 $(\arccos x)' = -\dfrac{1}{\sqrt{1-x^2}}, x \in (-1,1)$.

（2）由于 $y = \arctan x, x \in (-\infty, +\infty)$ 是 $x = \tan y, y \in \left(-\dfrac{\pi}{2}, \dfrac{\pi}{2}\right)$ 的反函数，而 $x = \tan y$ 在 $\left(-\dfrac{\pi}{2}, \dfrac{\pi}{2}\right)$ 内单调可导，且 $(\tan y)' = \sec^2 y > 0$. 因此，在 $(-\infty, +\infty)$ 内有

$$(\arctan x)' = \frac{1}{(\tan y)'} = \frac{1}{\sec^2 y} = \frac{1}{1+\tan^2 y} = \frac{1}{1+x^2}.$$

用类似的方法，可求反余切函数的导数公式 $(\operatorname{arccot} x)' = -\dfrac{1}{1+x^2}, x \in (-\infty, \infty)$.

通过上面的练习，我们得到了反三角函数的求导公式，以后可以直接使用.

三、 复合函数的导数

虽然我们已经介绍了一些基本初等函数的求导公式及求导的四则运算法则，但是对于复合函数却只能借助于下面的求导法则解决，而且这个法则也使得可求导数的函数的范围得到了很大的扩充.

定理 3 设 $u = \varphi(x)$ 在点 x 处可导，$y = f(u)$ 在对应的点 $u = \varphi(x)$ 处可导，则复合函数 $y = f(\varphi(x))$ 在点 x 处可导，且 $[f(\varphi(x))]' = f'(u) \cdot \varphi'(x)$.

注 （1）复合函数的求导公式亦称为**链式法则**. 上述求导公式一般也写作 $\dfrac{\mathrm{d}y}{\mathrm{d}x} = \dfrac{\mathrm{d}y}{\mathrm{d}u} \cdot \dfrac{\mathrm{d}u}{\mathrm{d}x}$.

（2）复合函数的求导法则也可以推广到多个中间变量的情形. 例如，设 $y = f(u), u = \varphi(v), v = \psi(x)$ 都可导，则复合函数 $y = f(\varphi(\psi(x)))$ 也可导，并且 $\dfrac{\mathrm{d}y}{\mathrm{d}x} = \dfrac{\mathrm{d}y}{\mathrm{d}u} \cdot \dfrac{\mathrm{d}u}{\mathrm{d}v} \cdot \dfrac{\mathrm{d}v}{\mathrm{d}x}$.

（3）注意符号 $f'(\varphi(x))$ 与 $[f(\varphi(x))]'$ 的区别．$f'(\varphi(x))$ 表示 $y = f(u)$ 对 u 求导，再用 $u = \varphi(x)$ 代入，而 $[f(\varphi(x))]'$ 表示先用 $u = \varphi(x)$ 代入 $y = f(u)$，然后再对 x 求导，两者是不相同的。

如：$f(x) = x^2$，$f'(3x) = 2 \times (3x) = 6x$，$[f(3x)]' = (9x^2)' = 18x$．

例 5 求下列复合函数的导数：

（1）$y = (2x^2 + 3x + 4)^{10}$；　（2）$y = \sin x^2$；

（3）$y = \ln\left(\arctan \dfrac{x}{2}\right)$；　　（4）设 $f(x)$ 可导，求 $y = f(e^x)$ 的导数．

解　（1）$y = (2x^2 + 3x + 4)^{10}$ 可看作是 $y = u^{10}$ 与 $u = 2x^2 + 3x + 4$ 复合而成的复合函数，由链式法则得 $\dfrac{dy}{dx} = \dfrac{dy}{du} \cdot \dfrac{du}{dx} = 10u^9 \cdot (4x + 3) = 10(4x + 3)(2x^2 + 3x + 4)^9$．

（2）$y = \sin x^2$ 可看作是 $y = \sin u$ 与 $u = x^2$ 复合而成的复合函数，由链式法则得

$$\frac{dy}{dx} = \frac{dy}{du} \cdot \frac{du}{dx} = \cos u \cdot 2x = 2x\cos x^2．$$

（3）$y = \ln\left(\arctan \dfrac{x}{2}\right)$ 可看作是 $y = \ln u$，$u = \arctan v$ 与 $v = \dfrac{x}{2}$ 复合而成的复合函数，由链式法则得 $\dfrac{dy}{dx} = \dfrac{dy}{du} \cdot \dfrac{du}{dv} \cdot \dfrac{dv}{dx} = \dfrac{1}{u} \cdot \dfrac{1}{1 + v^2} \cdot \dfrac{1}{2} = \dfrac{2}{(x^2 + 4) \cdot \arctan \dfrac{x}{2}}．$

（4）$y = f(e^x)$ 可看作由 $y = f(u)$ 与 $u = e^x$ 复合而成的复合函数，由链式法则得

$$\frac{dy}{dx} = \frac{dy}{du} \cdot \frac{du}{dx} = f'(u) \cdot e^x = f'(e^x) \cdot e^x．$$

从以上例子可以看出，应用复合函数的求导法则时，首先要分析所给函数可看作由哪些函数复合而成，也就是将复合函数分解成比较简单的函数，然后对每个简单函数分别求导，并求它们的积，最后再把引进的中间变量换成自变量的相应的函数，这样就可以求出所给函数的导数了．

当比较熟练地掌握了复合函数的分解和链式法则后，计算时就不必写出中间变量，而只需由外到内，逐层求导即可．$[f(\square)]' = f'(\square) \cdot \square'$．

例 6 求下列函数的导函数：

（1）$y = \ln|x|$，$x \neq 0$；　　（2）$y = \ln(x + \sqrt{1 + x^2})$；

（3）$y = \ln \sqrt{\dfrac{1 + x^2}{1 - x^2}}$．

解　（1）当 $x > 0$ 时，$y' = (\ln x)' = \dfrac{1}{x}$；当 $x < 0$ 时，$y' = (\ln(-x))' = \dfrac{1}{-x} \cdot (-x)' = \dfrac{1}{x}$. 故 $(\ln|x|)' = \dfrac{1}{x}$，$x \neq 0$.

一般地，若函数 $f(x)$ 可导，则当 $f(x) \neq 0$ 时，函数 $\ln|f(x)|$ 也可导，且有 $(\ln|f(x)|)' = \dfrac{f'(x)}{f(x)}$.

（2）
$$
\begin{aligned}
y' &= \left[\ln\left(x + \sqrt{1 + x^2}\right)\right]' = \frac{1}{x + \sqrt{1 + x^2}}\left(x + \sqrt{1 + x^2}\right)' \\
&= \frac{1}{x + \sqrt{1 + x^2}}\left[1 + \left(\sqrt{1 + x^2}\right)'\right] \\
&= \frac{1}{x + \sqrt{1 + x^2}}\left[1 + \frac{1}{2\sqrt{1 + x^2}}(1 + x^2)'\right] \\
&= \frac{1}{x + \sqrt{1 + x^2}}\left(1 + \frac{x}{\sqrt{1 + x^2}}\right) = \frac{1}{\sqrt{1 + x^2}}.
\end{aligned}
$$

（3）由对数的性质知，$y = \ln\sqrt{\dfrac{1 + x^2}{1 - x^2}} = \dfrac{1}{2}\left[\ln(1 + x^2) - \ln(1 + x) - \ln(1 - x)\right]$，于是，$y' = \dfrac{1}{2}\left(\dfrac{2x}{1 + x^2} - \dfrac{1}{1 + x} + \dfrac{1}{1 - x}\right) = \dfrac{2x}{1 - x^4}$.

例 7　（对数求导法）设 $y = \dfrac{(x+5)^2(x-4)^{\frac{1}{3}}}{(x+2)^5(x+4)^{\frac{1}{2}}}$，$x > 4$，求 y'.

解　先对函数两边取自然对数，得
$$
\begin{aligned}
\ln y &= \ln\frac{(x+5)^2(x-4)^{\frac{1}{3}}}{(x+2)^5(x+4)^{\frac{1}{2}}} \\
&= 2\ln(x+5) + \frac{1}{3}\ln(x-4) - 5\ln(x+2) - \frac{1}{2}\ln(x+4),
\end{aligned}
$$
再将上式两边同时对 x 求导数，得
$$
\frac{y'}{y} = \frac{2}{x+5} + \frac{1}{3(x-4)} - \frac{5}{x+2} - \frac{1}{2(x+4)},
$$
整理后得到
$$
y' = \frac{(x+5)^2(x-4)^{\frac{1}{3}}}{(x+2)^5(x+4)^{\frac{1}{2}}}\left[\frac{2}{x+5} + \frac{1}{3(x-4)} - \frac{5}{x+5} - \frac{1}{2(x+4)}\right].
$$

虽然我们可以用导数的乘积和商的公式来求例 7 中的导数，但用对数求导法显得更为清晰、简便.

注　（1）对数求导法常用于幂指函数求导. 当函数是由多个因子的乘积、乘幂或商构成时，使用对数求导法也会取得较好的效果；

（2）设幂指函数 $y = u(x)^{v(x)}$，其中 $u(x) > 0$，且 $u(x)$ 和 $v(x)$ 均

可导,运用对数求导法可得其导数为 $u(x)^{v(x)}\left[v'(x)\ln u(x)+v(x)\dfrac{u'(x)}{u(x)}\right]$.

例 8 设 $y=x^x(x>0)$,求 y'.

解 方法一(对数求导法)

先对函数两边取自然对数,得

$$\ln y=\ln x^x=x\cdot\ln x,$$

再将上式两边同时对 x 求导数,得

$$\frac{y'}{y}=\ln x+1,$$

整理后得到

$$y'=x^x(\ln x+1).$$

方法二(除了使用对数求导法计算幂指函数的导数外,我们也可以将幂指函数等价变形为指数形式,然后运用复合函数的链式法则来求导数)

将幂指函数表示成指数形式,即 $y=x^x=\mathrm{e}^{x\cdot\ln x}$,于是由链式法则得

$$y'=(\mathrm{e}^{x\cdot\ln x})'=\mathrm{e}^{x\cdot\ln x}(x\cdot\ln x)'=\mathrm{e}^{x\cdot\ln x}(\ln x+1)$$
$$=x^x(\ln x+1).$$

四、 基本求导法则与基本初等函数的求导公式

现在把前面得到的求导法则与基本初等函数的导数公式列出如下:

1. 基本求导法则

(1) $(u+v)'=u'\pm v'$;

(2) $(uv)'=u'v+uv'$,$(Cu)'=Cu'$(C 为常数);

(3) $\left(\dfrac{u}{v}\right)'=\dfrac{u'v-uv'}{v^2}$,$\left(\dfrac{1}{v}\right)'=-\dfrac{v'}{v^2}$.

2. 反函数导数:$\dfrac{\mathrm{d}y}{\mathrm{d}x}=\dfrac{1}{\dfrac{\mathrm{d}x}{\mathrm{d}y}}$

3. 复合函数导数:$\dfrac{\mathrm{d}y}{\mathrm{d}x}=\dfrac{\mathrm{d}y}{\mathrm{d}u}\cdot\dfrac{\mathrm{d}u}{\mathrm{d}x}$

4. 基本初等函数导数公式

(1) $C'=0$(C 为常数);   (2) $(x^\alpha)'=\alpha x^{\alpha-1}$($\alpha$ 为任意实数);

(3) $(\sin x)'=\cos x$;   (4) $(\cos x)'=-\sin x$;

(5) $(\tan x)'=\sec^2 x$;   (6) $(\cot x)'=-\csc^2 x$;

(7) $(\sec x)'=\sec x\tan x$; (8) $(\csc x)'=-\csc x\cot x$;

（9）$(a^x)' = a^x \ln a, a > 0$ 且 $a \neq 1$；

（10）$(e^x)' = e^x$；

（11）$(\log_a x)' = \dfrac{1}{x \ln a}, a > 0$ 且 $a \neq 1$；

（12）$(\ln|x|)' = \dfrac{1}{x}, x \neq 0$；

（13）$(\arcsin x)' = \dfrac{1}{\sqrt{1-x^2}}, x \in (-1,1)$；

（14）$(\arccos x)' = -\dfrac{1}{\sqrt{1-x^2}}, x \in (-1,1)$；

（15）$(\arctan x)' = \dfrac{1}{1+x^2}, x \in (-\infty, +\infty)$；

（16）$(\operatorname{arccot} x)' = -\dfrac{1}{1+x^2}, x \in (-\infty, +\infty)$.

五、　隐函数求导法

前面讨论的函数都是形如 $y = f(x)$ 的形式，我们称之为显函数. 而如果在方程 $F(x,y) = 0$ 中，当自变量 x 在某个区间 I 内取任意值时，相应地总有满足该方程的唯一的 y 值存在，那么就说方程 $F(x,y) = 0$ 在该区间内确定一个隐函数 $y = y(x), x \in I$. 有些隐函数可以化为显函数，但有些不能显化，那如何来求隐函数的导数? 通过下列例题来说明这种方法.

例 9　求由方程 $e^y - 3x + \cos y = 0$ 确定的隐函数 $y = y(x)$ 的导数 $\dfrac{\mathrm{d}y}{\mathrm{d}x}$.

分析　将方程中的 y 看成 x 的函数 $y = y(x)$，利用复合函数链式法则.

解　将方程两边同时对 x 求导数，得

$$e^y \frac{\mathrm{d}y}{\mathrm{d}x} - 3 - \sin y \frac{\mathrm{d}y}{\mathrm{d}x} = 0,$$

整理后得到 $\dfrac{\mathrm{d}y}{\mathrm{d}x} = \dfrac{3}{e^y - \sin y}$.

由例 9 可知，求隐函数的导数的方法是：将方程 $F(x,y) = 0$ 看成恒等式 $F(x, y(x)) \equiv 0$，然后将等式两端对 x 求导，并将 y' 表示成 x, y 的函数.

例 10　求 $y = y(x)$ 是由方程 $\sin(xy) + \ln(y - x) = x$ 确定的隐函数，求 $\dfrac{\mathrm{d}y}{\mathrm{d}x}\bigg|_{x=0}$.

解　将方程两边同时对 x 求导，得

$$\cos(xy)(y + xy') + \frac{y' - 1}{y - x} = 1,$$

由方程 $\sin(xy) + \ln(y - x) = x$ 可知,当 $x = 0$ 时,$y = 1$,所以将 $x = 0, y = 1$ 代入上式得 $\frac{dy}{dx}\Big|_{x=0} = 1$.

例 11 求椭圆 $\frac{x^2}{16} + \frac{y^2}{9} = 1$ 在点 $\left(2, \frac{3}{2}\sqrt{3}\right)$ 处的切线方程.

解 由导数的几何意义,切线斜率 $k = y'\big|_{x=2}$,对椭圆方程两边同时关于 x 求导数,有

$$\frac{x}{8} + \frac{2}{9}y \cdot y' = 0,$$

从而可得 $y' = -\frac{9x}{16y}$,将坐标代入有 $k = y'\big|_{x=2} = -\frac{\sqrt{3}}{4}$,

故切线方程为 $\sqrt{3}x + 4y - 8\sqrt{3} = 0$.

六、 参变量函数的导数

在解析几何上,我们经常遇到曲线用参数方程表示. 例如,椭圆的参数方程为 $\begin{cases} x = a\cos t \\ y = b\sin t \end{cases}, 0 \leq t \leq 2\pi$,那么如何求 $\frac{dy}{dx}$?

一般地,平面曲线 C 的参变量方程表示为 $\begin{cases} x = \varphi(t) \\ y = \psi(t) \end{cases}, \alpha \leq t \leq \beta$.

若 $x = \varphi(t), y = \psi(t)$ 都可导,且 $\varphi'(t) \neq 0$,又 $x = \varphi(t)$ 存在反函数 $t = \varphi^{-1}(x)$,则 y 是 x 的复合函数,即 $y = \psi(t) = \psi(\varphi^{-1}(x))$,由复合函数和反函数的求导法则得到 $\frac{dy}{dx} = \frac{dy}{dt} \cdot \frac{dt}{dx} = \frac{dy}{dt} \cdot \frac{1}{\frac{dx}{dt}} = \frac{\frac{dy}{dt}}{\frac{dx}{dt}} = \frac{\psi'(t)}{\varphi'(t)}$,

于是,得到了参数方程 $\begin{cases} x = \varphi(t) \\ y = \psi(t) \end{cases}, \alpha \leq t \leq \beta$ 的求导公式:

$$\frac{dy}{dx} = \frac{\frac{dy}{dt}}{\frac{dx}{dt}} = \frac{\psi'(t)}{\varphi'(t)}.$$

例 12 试求由上半椭圆的参量方程 $\begin{cases} x = a\cos t \\ y = b\sin t \end{cases}, 0 < t < \pi$ 所确定的函数 $y = y(x)$ 的导数.

解 $\frac{dy}{dx} = \frac{\frac{dy}{dt}}{\frac{dx}{dt}} = \frac{(b\sin t)'}{(a\cos t)'} = \frac{b\cos t}{-a\sin t} = -\frac{b}{a}\cot t.$

例 13 设 $\begin{cases} x = t - \arctan t \\ y = \ln(1 + t^2) \end{cases}$,求 $y'\big|_{t=1}$.

解 $\dfrac{\mathrm{d}y}{\mathrm{d}x}=\dfrac{\dfrac{\mathrm{d}y}{\mathrm{d}t}}{\dfrac{\mathrm{d}x}{\mathrm{d}t}}=\dfrac{\left[\ln\left(1+t^2\right)\right]'}{\left(t-\arctan t\right)'}=\dfrac{\dfrac{2t}{1+t^2}}{1-\dfrac{1}{1+t^2}}=\dfrac{2}{t}$，故 $y'\big|_{t=1}=2$.

第三节　高阶导数

设物体的运动方程为 $s=s(t)$，则物体的运动速度为 $v(t)=s'(t)$，而速度在时刻 t_0 的变化率 $\lim\limits_{\Delta t\to 0}\dfrac{v(t_0+\Delta t)-v(t_0)}{\Delta t}=\lim\limits_{t\to t_0}\dfrac{v(t)-v(t_0)}{t-t_0}$ 就是该物体在 t_0 时刻的加速度. 因此，加速度是速度函数的导数，也就是路程 $s(t)$ 的导函数的导数，这就产生了高阶导数的概念.

定义 1　若函数 $f(x)$ 的导函数 $f'(x)$ 在点 x 处可导，则称 $f'(x)$ 在点 x 处的导数为 $f(x)$ 在点 x 处的**二阶导数**，记作 $f''(x)$ 或 y'' 或 $\dfrac{\mathrm{d}^2 y}{\mathrm{d}x^2}$，即 $\lim\limits_{\Delta x\to 0}\dfrac{f'(x+\Delta x)-f'(x)}{\Delta x}=f''(x)$，同时称 $f(x)$ 在点 x 处**二阶可导**.

若 $f(x)$ 在区间 I 上每一点都二阶可导，则得到一个定义在 I 上的二阶可导函数，记作 $f''(x)$，$x\in I$，或者简单记为 f''.

一般地，可由 $f(x)$ 的 $n-1$ 阶导函数定义 $f(x)$ 的 n **阶导函数**（或简称 n 阶导数）. 二阶以及二阶以上的导数都称为**高阶导数**，函数 $f(x)$ 在点 x 处的 n 阶导数记作

$$f^{(n)}(x),y^{(n)}\text{ 或 }\frac{\mathrm{d}^n y}{\mathrm{d}x^n},$$

这里 $\dfrac{\mathrm{d}^n y}{\mathrm{d}x^n}$ 亦可写作为 $\dfrac{\mathrm{d}^n}{\mathrm{d}x^n}y$，它是对 y 相继进行 n 次求导运算"$\dfrac{\mathrm{d}}{\mathrm{d}x}$"的结果.

例 1　设 $y=2x^3-x^2+3$，求 y''，y'''，$y^{(4)}$.

解　由高阶导数的定义得
$$y'=6x^2-2x,y''=12x-2,y'''=12,y^{(4)}=0.$$

例 2　求下列函数的各阶导数：

（1）幂函数 $y=x^n$（n 为正整数）的 n 阶导数；

（2）正弦函数 $y=\sin x$ 的 n 阶导数；

（3）指数函数 $y=\mathrm{e}^{ax}$，$a\neq 0$ 的 n 阶导数.

解　（1）由幂函数的求导公式得
$$y'=nx^{n-1},$$
$$y''=(y')'=(nx^{n-1})'=n(n-1)x^{n-2},$$
$$y'''=(y'')'=[n(n-1)x^{n-2}]'=n(n-1)(n-2)x^{n-3},$$
$$\vdots$$

$$y^{(k)} = n(n-1)\cdots(n-k+1)x^{n-k},$$
$$\vdots$$
$$y^{(n-1)} = n(n-1)\cdots 2x,$$
$$y^{(n)} = \left[y^{(n-1)}\right]' = \left[n(n-1)\cdots 2x\right]' = n!,$$
$$y^{(n+1)} = y^{(n+2)} = \cdots = 0.$$

注 （1）对于正整数幂数 x^n，每求导一次，其幂次降低 1，第 n 阶导数为一常数，大于 n 阶的导数都等于 0.

（2）对于 $y = \sin x$，由三角函数的求导公式得

$$y' = \cos x, y'' = -\sin x, y''' = -\cos x, y^{(4)} = \sin x.$$

继续求导，将出现周而复始的现象. 为了得到一般 n 阶导数公式，可将上述导数改写为

$$y' = \cos x = \sin\left(x + \frac{\pi}{2}\right),$$

$$y'' = \left[\sin\left(x + \frac{\pi}{2}\right)\right]' = \cos\left(x + \frac{\pi}{2}\right) = \sin\left(x + 2 \cdot \frac{\pi}{2}\right),$$

$$y''' = \left[\sin\left(x + 2 \cdot \frac{\pi}{2}\right)\right]' = \cos\left(x + 2 \cdot \frac{\pi}{2}\right) = \sin\left(x + 3 \cdot \frac{\pi}{2}\right),$$

$$\vdots$$

$$y^{(n)} = \sin\left(x + n \cdot \frac{\pi}{2}\right).$$

用类似的方法可求得

$$(\cos x)^{(n)} = \cos\left(x + n \cdot \frac{\pi}{2}\right).$$

（3）由指数函数的求导公式得

$$y' = ae^{ax},$$
$$y'' = (y')' = (ae^{ax})' = a \cdot ae^{ax} = a^2 e^{ax},$$
$$y''' = (y'')' = (a^2 e^{ax})' = a \cdot a^2 e^{ax} = a^3 e^{ax},$$
$$\vdots$$
$$y^{(n)} = \left[y^{(n-1)}\right]' = a^n e^{ax}.$$

特别地，指数函数的 e^x 的各阶导数仍为 e^x.

这里，我们通过高阶导数的定义可以得到一些基本初等函数的任意阶导数公式.

1. $(x^n)^{(k)} = \begin{cases} n(n-1)\cdots(n-k+1)x^{n-k}, & 0 < k \leqslant n \\ 0, & k > n \end{cases}$，$n, k$ 均为正整数；

2. $(\sin x)^{(n)} = \sin\left(x + n \cdot \frac{\pi}{2}\right)$，$(\cos x)^{(n)} = \cos\left(x + n \cdot \frac{\pi}{2}\right)$；

3. $(e^{ax})^{(n)} = a^n e^{ax}$，$a \neq 0$ 为常数.

设函数 $u = u(x)$，$v = v(x)$ 在点 x 处具有 n 阶导数，那么有下列的高阶导数运算法则：

（1）$(u \pm v)^{(n)} = u^{(n)} \pm v^{(n)}$；

（2）$(Cu)^{(n)} = Cu^{(n)}$（C 为常数）．

而对于乘法求导法较复杂一些．设 $y = uv$，则

$$y' = (uv)' = u'v + uv',$$

$$y'' = (u'v + uv')' = u''v + u'v' + u'v' + uv'' = u''v + 2u'v' + uv'',$$

$$y''' = (u''v + 2u'v' + uv'')' = u'''v + u''v' + 2u''v' + 2u'v'' + u'v'' + uv'''$$

$$= u'''v + 3u''v' + 3u'v'' + uv''',$$

继续这个过程，可以看出，这些式子与二项式展开式

$$(a + b)^n = C_n^0 a^n + C_n^1 a^{n-1} b + C_n^2 a^{n-2} b^2 + \cdots + C_n^n b^n$$

极为相似，由数学归纳法不难得到

（3）$(uv)^{(n)} = \sum_{k=0}^{n} C_n^k u^{(n-k)} v^{(k)}$，其中，$u^{(0)} = u, v^{(0)} = v$．

此式称为莱布尼茨公式．

例 3 设 $y = e^x \cos x$，求 $y^{(5)}$．

解 令 $u(x) = e^x, v(x) = \cos x$．由例 2 有

$$u^{(n)}(x) = e^x, v^{(n)}(x) = \cos\left(x + n \cdot \frac{\pi}{2}\right)$$

> ★ 莱布尼茨
> 简介见本页二维码

应用莱布尼茨公式（$n = 5$），得

$$y^{(5)} = e^x \cos x + 5e^x \cos\left(x + \frac{\pi}{2}\right) + 10e^x \cos\left(x + 2 \cdot \frac{\pi}{2}\right) +$$

$$10e^x \cos\left(x + 3 \cdot \frac{\pi}{2}\right) + 5e^x \cos\left(x + 4 \cdot \frac{\pi}{2}\right) + e^x \cos\left(x + 5 \cdot \frac{\pi}{2}\right)$$

$$= 4e^x(\sin x - \cos x).$$

例 4 设由方程 $x - y + \frac{1}{2}\sin y = 0$ 确定了隐函数 $y = y(x)$，求 $\dfrac{d^2 y}{dx^2}$．

解 将方程两边对 x 求导得

$$1 - \frac{dy}{dx} + \frac{1}{2}\cos y \frac{dy}{dx} = 0,$$

整理得，

$$\frac{dy}{dx} = \frac{2}{2 - \cos y}.$$

上式两边再对 x 求导得

$$\frac{d^2 y}{dx^2} = \frac{-2\sin y \cdot \dfrac{dy}{dx}}{(2 - \cos y)^2} = \frac{-4\sin y}{(2 - \cos y)^3}.$$

设 $\varphi(t), \psi(t)$ 在 $[\alpha, \beta]$ 上都是二阶可导的，则由参量方程

$$\begin{cases} x = \varphi(t) \\ y = \psi(t) \end{cases}$$，所确定的函数的一阶导数为 $\dfrac{dy}{dx} = \dfrac{\psi'(t)}{\varphi'(t)}$，它的参量方程是

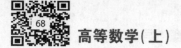

$$\begin{cases} x = \varphi(t) \\ \dfrac{\mathrm{d}y}{\mathrm{d}x} = \dfrac{\psi'(t)}{\varphi'(t)} \end{cases}, 故得$$

$$\frac{\mathrm{d}^2 y}{\mathrm{d}x^2} = \frac{\mathrm{d}}{\mathrm{d}x}\left(\frac{\mathrm{d}y}{\mathrm{d}x}\right) = \frac{\dfrac{\mathrm{d}}{\mathrm{d}t}\left(\dfrac{\psi'}{\varphi'}\right)}{\dfrac{\mathrm{d}x}{\mathrm{d}t}} = \frac{\left[\dfrac{\psi'(t)}{\varphi'(t)}\right]'}{\varphi'(t)} = \frac{\psi''(t)\varphi'(t) - \psi'(t)\varphi''(t)}{\left[\varphi'(t)\right]^3}.$$

例5 试求由摆线参量方程

$$\begin{cases} x = a(t - \sin t) \\ y = a(1 - \cos t) \end{cases}$$

所确定的函数 $y = y(x)$ 的二阶导数.

解 由参数方程求导公式得

$$\frac{\mathrm{d}y}{\mathrm{d}x} = \frac{\left[a(1 - \cos t)\right]'}{\left[a(t - \sin t)\right]'} = \frac{\sin t}{1 - \cos t} = \cot \frac{t}{2}.$$

再由参数方程二阶导数公式得

$$\frac{\mathrm{d}^2 y}{\mathrm{d}x^2} = \frac{\left(\cot \dfrac{t}{2}\right)'}{\left[a(t - \sin t)\right]'} = \frac{-\dfrac{1}{2}\csc^2 \dfrac{t}{2}}{a(1 - \cos t)} = -\frac{1}{4a}\csc^4 \frac{t}{2}.$$

第四节　微　分

一、微分的定义

前面主要讨论了函数的求导问题,所谓导数其实就是函数相对于自变量的变化率.它从数值上反映了函数相对于自变量变化的快慢程度.由可导的必要条件我们知道,当函数在一点处可导时,不仅要求函数的增量 Δy 是当 $\Delta x \to 0$ 时的无穷小量,并且要求 Δy 至少是不比 Δx 低阶的无穷小.当自变量有一个微小的增量时,对应函数的增量一般来说是关于 Δx 的一个较为复杂的函数,而我们希望能够将 Δy 近似表示成关于 Δx 的较为简单的表达式,比如线性函数,这就是本节讨论微分的目的.

1. 引例

先考察一个具体问题.设一边长为 x 的正方形,它的面积 $S = x^2$ 是 x 的函数,若边长由 x_0 增加 Δx,相应地,正方形面积的增量为

$$\Delta S = (x_0 + \Delta x)^2 - x_0^2 = 2x_0 \Delta x + (\Delta x)^2.$$

ΔS 由两部分组成:第一部分 $2x_0 \Delta x$(即图 3-2 中的阴影部分);第二部分 $(\Delta x)^2$ 是关于 Δx 的高阶无穷小量.

由此可见,当给 x_0 一个微小增量 Δx 时,由此引起的正方形面积增量 ΔS 可以近似地用第一部分(Δx 的线性部分 $2x_0 \Delta x$)来代替.由此产生的误差是一个关于 Δx 的高阶无穷小量,也就是以 Δx 为边长

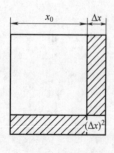

图　3-2

的小正方形的面积.

2. 定义

定义 1 设函数 $y = f(x)$ 在点 x_0 的某邻域 $U(x_0)$ 内有定义. 当给 x_0 一个增量 $\Delta x, x_0 + \Delta x \in U(x_0)$ 时, 相应地得到函数的增量为 $\Delta y = f(x_0 + \Delta x) - f(x_0)$, 可表示成

$$\Delta y = A\Delta x + o(\Delta x) \tag{3-6}$$

其中, 常数 A 只与 x_0 有关, 与 Δx 无关, 而 $o(\Delta x)$ 为 $\Delta x \to 0$ 时, 比 Δx 高阶的无穷小, 则称函数 $f(x)$ 在点 x_0 处**可微**, 并称式 (3-6) 中的第一项 $A\Delta x$ 为 $f(x)$ 在点 x_0 处的**微分**, 记作 $dy|_{x=x_0} = A\Delta x$ 或 $df(x)|_{x=x_0} = A\Delta x$.

由定义可见, 函数的微分与增量仅相差一个关于 Δx 的高阶无穷小量, 由于 dy 是 Δx 的线性函数, 所以当 $A \neq 0$ 时, 也说微分 dy 是增量 Δy 的线性主部.

容易看出, 函数 $f(x)$ 在点 x_0 处可导和可微是等价的.

3. 可微与可导的关系

定理 1 函数 $f(x)$ 在点 x_0 处可微的充要条件是函数 $f(x)$ 在点 x_0 处可导.

证 必要性 若 $f(x)$ 在点 x_0 处可微, 则有

$$\Delta y = f(x_0 + \Delta x) - f(x_0) = A\Delta x + o(\Delta x),$$

从而有

$$\frac{\Delta y}{\Delta x} = \frac{f(x_0 + \Delta x) - f(x_0)}{\Delta x} = A + \frac{o(\Delta x)}{\Delta x},$$

令 $\Delta x \to 0$, 由上式得

$$\lim_{\Delta x \to 0} \frac{\Delta y}{\Delta x} = \lim_{\Delta x \to 0} \frac{f(x_0 + \Delta x) - f(x_0)}{\Delta x} = \lim_{\Delta x \to 0} \left[A + \frac{o(\Delta x)}{\Delta x} \right] = A,$$

所以函数 $y = f(x)$ 在点 x_0 处可导, 且有 $A = f'(x_0)$.

充分性 若 $f(x)$ 在点 x_0 处可导, 则 $\lim_{\Delta x \to 0} \frac{\Delta y}{\Delta x} = f'(x_0)$.

由极限存在与无穷小的关系可知

$$\frac{\Delta y}{\Delta x} = f'(x_0) + \alpha,$$

其中, α 是当 $\Delta x \to 0$ 时的无穷小, 所以

$$\Delta y = f'(x_0)\Delta x + o(\Delta x),$$

由可微的定义知, $f(x)$ 在点 x_0 处可微, 且有

$$dy|_{x=x_0} = f'(x_0)\Delta x.$$

注 (1) 若函数 $y = f(x)$ 在区间上每一点都可微, 则称 $f(x)$ 为 I 上的**可微函数**. 函数 $y = f(x)$ 在 I 上任一点 x 处的微分记作 $dy = f'(x)\Delta x, x \in I$, 它不仅依赖于 Δx, 而且也依赖于 x.

(2) 当 $y = x$ 时, $dy = dx = \Delta x$, 这表示自变量的微分 dx 就等于自

变量的增量. 于是可将 $\mathrm{d}y = f'(x)\Delta x, x \in I$ 改写为 $\mathrm{d}y = f'(x)\mathrm{d}x$，即函数的微分等于函数的导数与自变量微分的积. 当 $\mathrm{d}x \neq 0$ 时，写成 $f'(x) = \dfrac{\mathrm{d}y}{\mathrm{d}x}$，那么函数的导数就等于函数微分与自变量微分的商. 因此，导数也常称为 **微商**. 在这以前，我们总把 $\dfrac{\mathrm{d}y}{\mathrm{d}x}$ 作为一个运算记号的整体来看待，有了微分概念之后，也不妨把它看作一个分式了.

4. 可微的几何意义

微分的几何解释如图 3-3 所示. 当自变量由 x_0 增加到 $x_0 + \Delta x$ 时，函数增量 $\Delta y = f(x_0 + \Delta x) - f(x_0) = RQ$，而微分则是在点 P 处的切线上与 Δx 所对应的增量 $\mathrm{d}y = f'(x_0)\Delta x = RQ'$，并且 $\lim\limits_{\Delta x \to 0} \dfrac{\Delta y - \mathrm{d}y}{\Delta x} =$

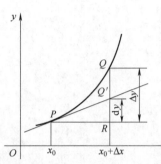

图 3-3

$\lim\limits_{\Delta x \to 0} \dfrac{Q'Q}{\Delta x} = f'(x_0) \cdot \lim\limits_{\Delta x \to 0} \dfrac{Q'Q}{RQ'} = 0$，所以当 $f'(x_0) \neq 0$ 时，$\lim\limits_{x \to x_0} \dfrac{Q'Q}{RQ'} = 0$. 这表明，当 $x \to x_0$ 时线段 $Q'Q$ 的长度比 RQ' 的长度要小得多.

二、　微分的运算法则

由导数与微分的关系，我们能立刻推出如下微分运算法则：

1. $\mathrm{d}[u(x) \pm v(x)] = \mathrm{d}u(x) \pm \mathrm{d}v(x)$；

2. $\mathrm{d}[u(x)v(x)] = v(x)\mathrm{d}u(x) + u(x)\mathrm{d}v(x)$；

3. $\mathrm{d}\left[\dfrac{u(x)}{v(x)}\right] = \dfrac{v(x)\mathrm{d}u(x) - u(x)\mathrm{d}v(x)}{v^2(x)}$；

4. $\mathrm{d}[f(g(x))] = f'(u) \cdot g'(x)\mathrm{d}x$，其中，$u = g(x)$.

在上述复合函数的微分运算法则 4 中，由于 $\mathrm{d}u = g'(x)\mathrm{d}x$，所以它也可写作 $\mathrm{d}y = f'(u)\mathrm{d}u$. 这与微分的运算法则 2 在形式上完全相同，即 $\mathrm{d}y = f'(x)\mathrm{d}x$ 不仅在 x 为自变量时成立，当 x 是另一可微函数的因变量时也成立. 这个性质通常称为 **一阶微分形式的不变性**，即无论 u 是自变量还是中间变量，函数 $y = f(u)$ 的微分总保持同一个形式 $\mathrm{d}y = f'(u)\mathrm{d}u$.

例 1　求 $y = x\ln x + \sin^2 x$ 的微分.

解　$\begin{aligned}\mathrm{d}y &= \mathrm{d}(x\ln x + \sin^2 x) = \mathrm{d}(x\ln x) + \mathrm{d}(\sin^2 x)\\ &= \ln x\,\mathrm{d}(x) + x\mathrm{d}(\ln x) + \mathrm{d}(\sin^2 x)\\ &= (\ln x + 1 + \sin 2x)\mathrm{d}x.\end{aligned}$

例 2　求 $y = e^{\sin(ax+b)}$ 的微分.

解　由一阶微分形式不变性，可得
$$\begin{aligned}\mathrm{d}y &= e^{\sin(ax+b)}\mathrm{d}[\sin(ax+b)]\\ &= e^{\sin(ax+b)}\cos(ax+b)\mathrm{d}(ax+b)\\ &= ae^{\sin(ax+b)}\cos(ax+b)\mathrm{d}x.\end{aligned}$$

例 3　求由方程 $x^2 + xy + y^2 = 0$ 确定的隐函数 $y = y(x)$ 的微

分 dy.

解 将方程两边同时取微分,得

$$2x dx + y dx + x dy + 2y dy = 0,$$

整理后得到 $dy = -\dfrac{2x + y}{x + 2y} dx, x + 2y \neq 0$.

三、 微分在近似计算中的应用

微分在数学中有许多重要的应用. 这里介绍它在近似计算方面的一些应用.

1. 函数的近似计算

由函数增量与微分关系

$$\Delta y = f'(x_0)\Delta x + o(\Delta x),$$

当 $|\Delta x|$ 很小时,有 $\Delta y \approx dy$,由此即得

$$f(x_0 + \Delta x) \approx f(x_0) + f'(x_0)\Delta x, \tag{3-7}$$

令 $x = x_0 + \Delta x$,即 $\Delta x = x - x_0$,则有

$$f(x) \approx f(x_0) + f'(x_0)(x - x_0). \tag{3-8}$$

特别地,当 $x_0 = 0$ 时,有

$$f(x) \approx f(0) + f'(0)x. \tag{3-9}$$

由此可得几个常用的近似计算公式(假定 $|x|$ 是较小的数值):

(1) $\sqrt[n]{1 + x} \approx 1 + \dfrac{1}{n}x$;

(2) $\sin x \approx x$(x 是用弧度作为单位来表达);

(3) $\tan x \approx x$(x 是用弧度作为单位来表达);

(4) $e^x \approx 1 + x$;

(5) $\ln(1 + x) \approx x$.

注 由于点 $(x_0, f(x_0))$ 的切线方程为 $y = f(x_0) + f'(x_0)(x - x_0)$,从而以上各式的几何意义就是:当 x 充分接近 x_0 时,可用切线近似替代曲线("以直代曲"). 我们常用这种线性近似的思想来对复杂问题进行简化处理.

一般地,为求得 $f(x)$ 的近似值,可找一邻近 x 的点 x_0,只要 $f(x_0)$ 和 $f'(x_0)$ 易于计算,由式(3-8)可求得 $f(x)$ 的近似值.

例 4 求 $\sin 30°30'$ 的近似值.

解 由于 $\sin 30°30' = \sin\left(\dfrac{\pi}{6} + \dfrac{\pi}{360}\right)$,因此取 $f(x) = \sin x, x_0 = \dfrac{\pi}{6}, \Delta x = \dfrac{\pi}{360}$,由式(3-8)得到

$$\sin 30°30' \approx \sin\dfrac{\pi}{6} + \cos\dfrac{\pi}{6} \cdot \dfrac{\pi}{360}$$

$$= \dfrac{1}{2} + \dfrac{\sqrt{3}}{2} \cdot \dfrac{\pi}{360} \approx 0.5067.$$

例5 计算 $\sqrt[3]{28}$ 的近似值.

解 由 $\sqrt[3]{28} = \sqrt[3]{27+1} = \sqrt[3]{27 \times \left(1 + \dfrac{1}{27}\right)} = 3 \times \sqrt[3]{1 + \dfrac{1}{27}}$.

由近似公式(1)

$$\sqrt[3]{1 + \frac{1}{27}} = 1 + \frac{1}{3} \times \frac{1}{27}$$

故 $$\sqrt[3]{28} = 3 + \frac{1}{27} \approx 5.037.$$

2. 误差估计

设量 x 由测量得到,量 y 由函数 $y = f(x)$ 经过计算得到. 在测量时,由于存在测量误差,实际测得的只是 x 的某一近似值 x_0,因此由 x_0 算得的 $y_0 = f(x_0)$ 也只是 $y = f(x)$ 的一个近似值. 若已知测量值 x_0 的误差限为 δ_x(它与测量工具的精度有关),即

$$|\Delta x| = |x - \Delta x| \leq \delta_x,$$

则当 δ_x 很小时,

$$|\Delta y| = |f(x) - f(x_0)| \approx |f'(x_0)\Delta x| \leq |f'(x_0)|\delta_x,$$

而相对误差限则为

$$\frac{\delta_y}{|y_0|} = \left|\frac{f'(x_0)}{f(x_0)}\right|\delta_x. \tag{3-10}$$

例6 设测得一球体的直径为 42cm,测量工具的精度为 0.05cm. 试求以此直径计算球体体积时所引起的误差.

解 由直径 d 计算球体体积的函数式为

$$V = \frac{1}{6}\pi d^3.$$

取 $d_0 = 42$,$\delta_d = 0.05$,求得

$$V_0 = \frac{1}{6}\pi d_0^3 \approx 38792.39\,(\text{cm}^3),$$

并由式(3-10)得体积的绝对误差限和相对误差限分别为

$$\delta_V = \left|\frac{1}{2}\pi d_0^2\right| \cdot \delta_d = \frac{\pi}{2} \cdot 42^2 \times 0.05 \approx 138.54\,(\text{cm}^3),$$

$$\frac{\delta_V}{|V_0|} = \frac{\frac{1}{2}\pi d_0^2}{\frac{1}{6}\pi d_0^3} \cdot \delta_d = \frac{3}{d_0}\delta_d \approx 0.357\%.$$

习题三

(A)组

1. 用导数的定义求下列函数的导数:

(1) $y = \sqrt{x}$;　　　　　　　　(2) $y = \cos x$.

2. 设函数 $f(x)$ 在点 x_0 处可导,求下列极限:

(1) $\lim\limits_{h \to 0} \dfrac{f(x_0 + 3h) - f(x_0)}{h}$;

(2) $\lim\limits_{h \to 0} \dfrac{f(x_0 - h) - f(x_0 - 2h)}{h}$;

(3) $\lim\limits_{h \to 0} \dfrac{f(x_0 - 3h^2) - f(x_0)}{\sin^2 h}$.

3. 函数 $f(x)$ 在点 $x = 0$ 处可导,且 $f(0) = 0$,求下列极限:

(1) $\lim\limits_{x \to 0} \dfrac{f(x)}{x}$;　　　　　(2) $\lim\limits_{x \to 0} \dfrac{f(ax)}{x}$,$a$ 为任意实数;

(3) $\lim\limits_{x \to 0} \dfrac{f(ax)}{a}$,$a \neq 0$ 为常数;　　(4) $\lim\limits_{x \to 0} \dfrac{f(ax) - f(-ax)}{x}$.

4. 设函数 $f(x) = \begin{cases} x^3, & x < 0 \\ x^2, & x \geq 0 \end{cases}$,求导数 $f'(x)$.

5. 求曲线 $y = \ln x$ 在点 $(e, 1)$ 处的切线方程与法线方程.

6. 讨论下列函数在分段点处的连续性与可导性.

(1) $f(x) = \begin{cases} 1 + x, & x < 0 \\ 1 - x, & x \geq 0 \end{cases}$;　　(2) $f(x) = \begin{cases} \dfrac{1}{3}x^3, & x \leq 0 \\ x, & x > 0 \end{cases}$;

(3) $f(x) = \begin{cases} x\sin\dfrac{1}{x}, & x \neq 0 \\ 0, & x = 0 \end{cases}$.

7. 确定常数 a、b,使函数 $f(x) = \begin{cases} ax + b\sqrt{x}, & x > 1 \\ x^2, & x \leq 1 \end{cases}$ 有连续的

导数.

8. 求下列函数的一阶导数:

(1) $y = x^5 - x^3 + x - 9$;　　　(2) $y = 2\sqrt{x} - \dfrac{1}{x} + \sqrt{5}$;

(3) $y = \dfrac{x^2 - 1}{x^2 + 1}$;　　　　　　(4) $y = x^2 \ln x \cos x$;

(5) $y = x\sec x - \tan x$;　　　　(6) $y = \dfrac{1 - \sin x}{1 + \cos x}$;

(7) $y = \dfrac{1}{\csc x + \cot x}$;　　　(8) $y = \sin^n x \cos nx$;

(9) $y = \ln[\ln(\ln x)]$;　　　　(10) $y = \dfrac{\sqrt{1+x} - \sqrt{1-x}}{\sqrt{1+x} + \sqrt{1-x}}$.

9. 求下列函数的一阶导数:

(1) $y = e^{-x} \tan 3x$;　　　　　(2) $y = \sin(2^x)$;

(3) $y = e^{\tan\frac{1}{x}}$;　　　　　　(4) $y = \sin^2 x \cdot \sin(x^2)$;

$(5)\ y = \sqrt{x + \sqrt{x}}$; 　　　　$(6)\ y = x\arcsin\dfrac{x}{2} + \sqrt{4 - x^2}$.

10. 用对数求导法求下列函数的导数：

$(1)\ y = \sqrt{\dfrac{x - 1}{(x + 1)(x + 2)}}$; 　　$(2)\ y = x^{\sin x},\ x > 0$;

$(3)\ y = x\sqrt{\dfrac{1 - x}{1 + x}}$; 　　$(4)\ y = (\sin x)^{\cos x},\ x \in \left(0, \dfrac{\pi}{2}\right)$.

11. 求下列隐函数的导数：

$(1)\ y^3 - 3y + 2x = 0$; 　　$(2)\ 2^x + 2y = 2^{x + y}$;

$(3)\ \ln(x^2 + y) = x^3 y + \sin x$; 　　$(4)\ \arctan\dfrac{x}{y} = \ln\sqrt{x^2 + y^2}$.

12. 求下列参变量函数的导数$\dfrac{\mathrm{d}y}{\mathrm{d}x}$：

$(1)\ \begin{cases} x = t^2 + 2t \\ y = \ln(1 + t) \end{cases}$; 　　$(2)\ \begin{cases} x = 3\mathrm{e}^{-t} \\ y = 2\mathrm{e}^t \end{cases}$.

13. 求下列函数的二阶导数：

$(1)\ y = (1 + x^2)\arctan x$; 　　$(2)\ y = \ln(x + \sqrt{x^2 + 1})$，求 y''.

14. 求下列函数指定阶的导数：

$(1)\ y = \dfrac{1}{x^2 + 5x + 6}$，求 $y^{(100)}$; 　　$(2)\ y = x^2 \mathrm{e}^{2x}$，求 $y^{(50)}$.

15. 设 $\mathrm{e}^y + xy = \mathrm{e}$ 确定函数 $y = y(x)$，求 $y''(0)$.

16. 设函数 $y = y(x)$ 由参数方程 $\begin{cases} x = \arccos\sqrt{t} \\ y = \sqrt{t - t^2} \end{cases}$ 所确定，求 $\dfrac{\mathrm{d}^2 y}{\mathrm{d}x^2}$.

17. 在下列括号内填上适当的函数：

$(1)\ \mathrm{d}(\quad\quad) = \sqrt{x}\,\mathrm{d}x$; 　　$(2)\ \mathrm{d}(\quad\quad) = \mathrm{e}^{2x}\,\mathrm{d}x$;

$(3)\ \mathrm{d}(\quad\quad) = \dfrac{1}{2x^2}\,\mathrm{d}x$; 　　$(4)\ \mathrm{d}(\quad\quad) = \cos x\,\mathrm{d}x$.

18. 求下列函数的微分：

$(1)\ y = \sin^2 x$; 　　$(2)\ y = \mathrm{e}^{2x}\sin^2 x$;

$(3)\ y = \arcsin\sqrt{x}$; 　　$(4)\ y = \ln\sqrt{1 - x^2}$.

19. 求由下列方程确定的隐函数 $y = y(x)$ 的微分 $\mathrm{d}y$：

$(1)\ y = 1 + x\mathrm{e}^y$; 　　$(2)\ y = x + \dfrac{1}{2}\sin y$.

20. 利用微分求下列各数的近似值：

$(1\ )\cos 29°$; 　　$(2)\ \sqrt[3]{996}$.

（B）组

1. 已知 $f(x), g(x)$ 在 **R** 上有定义，若 $f(x) = 1 + xg(x)$，

$\lim\limits_{x \to 0} g(x) = -\dfrac{1}{2}$，则 $f(x)$ 在点 $x=0$ 处的导数 $f'(0) =$ _____ .

2. 已知 $f(3) = 2, f'(3) = -2$，则 $\lim\limits_{x \to 3} \dfrac{2x - 3f(x)}{x - 3} =$ _____ .

3. 设函数 $y = f(x)$ 由方程 $y - x = \mathrm{e}^{x(1-y)}$ 确定，则
$\lim\limits_{n \to \infty} n\left[f\left(\dfrac{1}{n} \right) - 1 \right] =$ _____ .

4. 设函数 $f(x) = \arctan x - \dfrac{x}{1 + ax^2}$，且 $f'''(0) = 1$，则
$a =$ _____ .

5. 如果曲线 $y = x^3 + x - 10$ 的某一条切线与直线 $y = 4x + 3$ 平行，求该切线方程.

6. 确定常数 a、b，使函数 $f(x) = \begin{cases} a\ln x, & x \geqslant 1 \\ x - 1 + b, & x < 1 \end{cases}$ 在 $x = 1$ 处可导.

7. 讨论函数 $f(x) = \begin{cases} x^n \sin \dfrac{1}{x}, & x \neq 0 \\ 0, & x = 0 \end{cases}$ 在 $x = 0$ 处的连续性与可导性，其中 n 为正整数.

8. 求下列函数的导数：

（1）$y = \sqrt{x \sqrt{x \sqrt{x}}}$；

（2）$y = \ln\left(\arccos \dfrac{1}{\sqrt{x}} \right)$；

（3）$y = x^{a^a} + a^{x^a} + a^{a^x}$；

（4）$y = \dfrac{\cos 2x}{\sin x + \cos x}$.

9. 设 $f(x)$ 可导，求下列函数的导数.

（1）$y = f^2(x)$；

（2）$y = \mathrm{e}^{f(x)}$；

（3）$y = \ln(1 + f^2(x))$；

（4）$y = \arcsin(f(x))$.

10. 证明：

（1）可导的偶函数，其导函数为奇函数；

（2）可导的奇函数，其导函数为偶函数.

11. 设 $u = f(\varphi(x) + y^2)$，其中，$y = y(x)$ 由方程 $y + \mathrm{e}^y = x$ 确定，且 $f(x)$ 和 $\varphi(x)$ 均可导，求 $\dfrac{\mathrm{d}u}{\mathrm{d}x}$.

★ 习题三参考答案
见本页二维码

第四章

微分中值定理与导数的应用

在极限理论的基础上,我们分析了实际问题中因变量相对于自变量变化的快慢,引出了导数的概念,并给出了其计算方法.利用导数可以讨论函数的许多性质,但是要对函数进行深入的研究,只利用导数是远远不够的.本章将先建立一系列的微分中值定理,它是微分学的理论基础,然后在微分中值定理的基础上我们介绍一种求极限的方法——洛必达法则.最后,以微分学基本定理——微分中值定理为基础,进一步介绍利用导数研究函数的性态.例如判断函数的单调性和凹凸性,求函数的极限、极值、最大(小)值以及函数作图的方法,并利用这些知识解决一些实际问题.

第一节 微分中值定理

一、 罗尔定理

★ 罗尔
相关介绍
见本页二维码

定理 1(罗尔定理) 如果函数 $f(x)$ 满足:

(1) 在闭区间 $[a,b]$ 上连续;

(2) 在开区间 (a,b) 内可导;

(3) $f(a)=f(b)$,

则在 (a,b) 内至少存在一点 ξ,使得 $f'(\xi)=0$.

证 因为 $f(x)$ 在 $[a,b]$ 上连续,所以 $f(x)$ 在 $[a,b]$ 上必取得最大值 M 和最小值 m.

(1) 如果 $M=m$,则 $f(x)$ 在 $[a,b]$ 上必为常量 M.所以,对于任意 $x\in(a,b)$,都有 $f'(x)=0$.因此,任取 $\xi\in(a,b)$,有 $f'(\xi)=0$.

(2) 若 $M\neq m$,因为 $f(a)=f(b)$,所以 M 和 m 中至少有一个不等于端点的函数值.不妨设 $M\neq f(a)=f(b)$,那么最大值 M 必然在 (a,b) 内取得,设该点为 ξ,即 $f(\xi)=M$,下面证明 $f'(\xi)=0$.

因为 $f(\xi) = M$ 是最大值,所以不论 Δx 是大于零还是小于零都有 $f(\xi + \Delta x) \leqslant f(\xi)$,即 $f(\xi + \Delta x) - f(\xi) \leqslant 0$.

当 $\Delta x > 0$ 时,有 $\dfrac{f(\xi + \Delta x) - f(\xi)}{\Delta x} \leqslant 0$,所以 $\lim\limits_{\Delta x \to 0^-} \dfrac{f(\xi + \Delta x) - f(\xi)}{\Delta x} \leqslant 0$.

又 $f(x)$ 在 $x = \xi$ 处可导,故 $f'(\xi) = \lim\limits_{\Delta x \to 0^+} \dfrac{f(\xi + \Delta x) - f(\xi)}{\Delta x} \leqslant 0$.

同理,当 $\Delta x < 0$ 时,有 $\dfrac{f(\xi + \Delta x) - f(\xi)}{\Delta x} \geqslant 0$.

于是 $f'(\xi) = \lim\limits_{\Delta x \to 0^-} \dfrac{f(\xi + \Delta x) - f(\xi)}{\Delta x} \geqslant 0$. 从而必有 $f'(\xi) = 0$.

注 (1) 罗尔定理的几何意义是:函数 $y = f(x)$ $(a \leqslant x \leqslant b)$ 的图形是一条连续曲线段 $\overset{\frown}{ACB}$,且直线段 $\overline{AB}$ 平行于 x 轴,则在曲线上至少存在一点 $C(\xi, f(\xi))$,在该点处曲线具有水平切线,从而过点 C 的切线平行于直线段 $\overline{AB}$(见图 4-1).

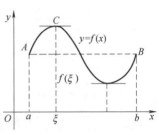

图 4-1

(2) 罗尔定理研究的是导函数方程 $f'(x) = 0$ 的根的存在性问题. 定理只是指出了 ξ 的存在性,但却没有指出唯一性,也没有指出 ξ 的确切值,只是给出了一个范围. 故这样的 ξ 可能是一个,也可能是多个甚至无穷多个,例如:

$$f(x) = \begin{cases} x^4 \sin^2 \dfrac{1}{x}, & x \neq 0 \\ 0, & x = 0 \end{cases}$$

在 $[-1, 1]$ 上满足罗尔中值定理的条件,可求得

$$f'(x) = \begin{cases} 4x^3 \sin^2 \dfrac{1}{x} - x^2 \sin \dfrac{2}{x}, & x \neq 0 \\ 0, & x = 0 \end{cases}$$

在 $(-1, 1)$ 内存在无穷多个 $x_n = \dfrac{1}{2n\pi}$ $(n \in \mathbf{Z})$,使得 $f'(x_n) = 0$.

例 1 验证罗尔定理对函数 $f(x) = 1 - x^2$ 在区间 $[-1, 1]$ 上的正确性.

解 显然函数 $f(x) = 1 - x^2$ 在 $[-1, 1]$ 上满足罗尔定理的三个条件,由

$f'(x) = -2x$ 可知,$f'(0) = 0$. 因此,存在 $\xi = 0 \in (-1, 1)$,使得 $f'(0) = 0$.

注 (1) 罗尔定理中的三个条件缺少任何一个,定理的结论将不一定成立.

(2) 罗尔定理中的三个条件是结论成立的充分而非必要条件.

例如,$f(x) = \sin x \left(0 \leqslant x \leqslant \dfrac{3\pi}{2} \right)$ 在区间 $\left[0, \dfrac{3\pi}{2} \right]$ 上连续,在 $\left(0, \dfrac{3\pi}{2} \right)$ 内可导,但 $f(0) \neq f\left(\dfrac{3\pi}{2} \right) = -1$,而此时仍存在 $\xi = \dfrac{\pi}{2} \in \left(0, \dfrac{3\pi}{2} \right)$,使得

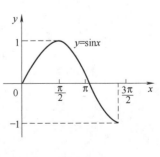

图 4-2

$f'(\xi) = \cos\dfrac{\pi}{2} = 0$（见图 4-2）.

例 2　如果方程 $ax^3 + bx^2 + cx = 0$ 有正根 x_0，证明：方程 $3ax^2 + 2bx + c = 0$ 至少有一个小于 x_0 的正根.

证　令 $f(x) = ax^3 + bx^2 + cx$，则 $f'(x) = 3ax^2 + 2bx + c$，因为 $f(x)$ 在区间 $[0, x_0]$ 上连续，在区间 $(0, x_0)$ 内可导，$f(0) = f(x_0) = 0$. 由罗尔中值定理可知，在区间 $(0, x_0)$ 内至少存在一点 ξ，使得

$$f'(\xi) = 3a\xi^2 + 2b\xi + c = 0,$$

因此，方程 $3ax^2 + 2bx + c = 0$ 至少有一个小于 x_0 的正根.

由该例题可见，罗尔定理可以用来判定方程实根的存在性.

例 3　设函数 $f(x) = (x-1)(x-2)(x-3)(x-4)$，不用计算 $f'(x)$，指出导函数方程 $f'(x) = 0$ 有几个实根，各属于什么区间？

解　$f(x) = (x-1)(x-2)(x-3)(x-4)$ 是四次多项式，故 $f'(x) = 0$ 是一个一元三次方程，最多有三个实根. 由于函数 $f(x)$ 在闭区间 $[1,2]$ 上连续，在开区间 $(1,2)$ 内可导，且 $f(1) = f(2) = 0$，由罗尔定理，存在 $\xi_1 \in (1,2)$，使得 $f'(\xi_1) = 0$，即 ξ_1 是 $f'(x) = 0$ 的一个实根，同理可知，方程还有另外两个根 $\xi_2 \in (2,3)$ 和 $\xi_3 \in (3,4)$.

故方程有且仅有三个根，分别属于区间 $(1,2)$，$(2,3)$，$(3,4)$.

二、　拉格朗日中值定理

★ 拉格朗日
　　相关内容
　见本页二维码

如果将图 4-1 按逆时针旋转一个角度，会得到什么结论呢？由图 4-3 可以看出连续曲线段 $\overset{\frown}{ACB}$ 上点 C 处的切线 l 仍平行于直线段 $\overline{AB}$，但 $f(a) \neq f(b)$，从而我们发现只需将罗尔中值定理中的第三个条件去掉就可以得到拉格朗日中值定理.

定理 2（拉格朗日中值定理）　如果函数 $y = f(x)$ 满足：

（1）在闭区间 $[a,b]$ 上连续，

（2）在开区间 (a,b) 内可导，

则至少存在一点 $\xi \in (a,b)$，使得

$$f'(\xi) = \frac{f(b) - f(a)}{b - a}. \tag{4-1}$$

证　构造辅助函数　$F(x) = f(x) - \dfrac{f(b) - f(a)}{b - a}x$，

由假设条件可知，$F(x)$ 在闭区间 $[a,b]$ 上连续，在开区间 (a,b) 内可导，且 $F(a) = f(a) - \dfrac{f(b) - f(a)}{b - a}a$，$F(b) = f(b) - \dfrac{f(b) - f(a)}{b - a}b$，$F(b) - F(a) = 0$，即 $F(a) = F(b)$. 于是 $F(x)$ 满足罗尔定理的条件，故至少存在一点 $\xi \in (a,b)$，使得 $F'(\xi) = 0$，即 $F'(\xi) = f'(\xi) - \dfrac{f(b) - f(a)}{b - a} = 0$，因此得 $f'(\xi) = \dfrac{f(b) - f(a)}{b - a}$.

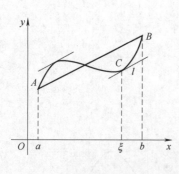

图　4-3

由上面的结论我们可以看到,拉格朗日中值定理是罗尔定理的推广,它建立了增量比和导数间的关系,对于用导数研究函数起着桥梁作用,且其应用十分广泛,读者将会在今后的应用中看到,拉格朗日中值定理中的式(4-1)称为拉格朗日中值公式,它也可以写成

$$f(b) - f(a) = f'(\xi)(b-a), a < \xi < b. \tag{4-2}$$

由于 ξ 是 (a,b) 中的一个点,故可表示为 $\xi = a + \theta(b-a), 0 < \theta < 1$ 的形式. 因此,拉格朗日中值公式还可写成

$$f(b) - f(a) = (b-a)f'(a + \theta(b-a)), 0 < \theta < 1. \tag{4-3}$$

若我们把 a 与 b 分别换成 x 与 $x + \Delta x$,则 $b - a = \Delta x$,于是,拉格朗日中值公式就可以写成

$$f(x + \Delta x) - f(x) = f'(x + \theta \Delta x) \cdot \Delta x, 0 < \theta < 1. \tag{4-4}$$

我们也称式(4-4)为有限增量公式.

要注意的是,在式(4-2)中,无论 $a < b$ 或 $a > b$,该式总是成立的,其中,ξ 是介于 a 与 b 之间的某个数. 同样地,无论 $\Delta x > 0$ 或者 $\Delta x < 0$,式(4-4)都是成立的.

例 4 证明不等式

$$|\sin x - \sin y| \leqslant |x - y|.$$

证 设 $f(t) = \sin t$,则 $f(t)$ 在 $(-\infty, +\infty)$ 上连续可导,所以对任意的 $x, y \in (-\infty, +\infty)$ 有

$$f(x) - f(y) = f'(\xi) \cdot (x - y), \xi \text{ 在 } x \text{ 与 } y \text{ 之间},$$

即

$$\sin x - \sin y = \cos \xi \cdot (x - y).$$

因为 $|\cos \xi| \leqslant 1$,所以

$$|\sin x - \sin y| = |\cos \xi| \cdot |x - y| \leqslant |x - y|.$$

例 5 设 $f(x)$ 在 $[a, b]$ 上连续,在 (a, b) 内可导,且 $f'(x) > 0$,$x \in (a, b)$,试证 $f(x)$ 在 $[a, b]$ 上严格单调递增.

证 任取 $x_1, x_2 \in (a, b)$,不妨设 $x_1 < x_2$,则由式(4-2)可得

$$f(x_2) - f(x_1) = f'(\xi)(x_2 - x_1), x_1 < \xi < x_2.$$

由于 $f'(x) > 0, x \in (a, b)$,因此 $f'(\xi) > 0$,从而

$$f(x_2) > f(x_1),$$

由 x_1 和 x_2 的任意性可知,$f(x)$ 在 $[a, b]$ 上严格单调递增.

类似地可以证明:若 $f'(x) < 0$,则 $f(x)$ 在 $[a, b]$ 上严格单调递减.

例 6 对一切 $x > 0$,证明:不等式

$$\frac{x}{1 + x} < \ln(1 + x) < x$$

成立.

证 由于 $f(x) = \ln(1 + x)$ 在 $[0, +\infty)$ 上连续、可导,对任何 $x > 0$,在 $[0, x]$ 上满足拉格朗日中值定理的条件,根据拉格朗日中值定理

可得

$$f(x) - f(0) = f'(\xi)(x - 0), 0 < \xi < x,$$

$$\ln(1 + x) = \frac{x}{1 + \xi}, 0 < \xi < x.$$

由于

$$\frac{x}{1 + x} < \frac{x}{1 + \xi} < x,$$

因此,当 $x > 0$ 时,有

$$\frac{x}{1 + x} < \ln(1 + x) < x.$$

由拉格朗日中值定理可以得到两个在微分学中很有用的推论.

推论1 如果 $f(x)$ 在开区间 (a, b) 内可导,且 $f'(x) = 0$,则在 (a, b) 内, $f(x)$ 恒为一个常数.

这个推论的几何意义是斜率处处为零的曲线一定是一条平行于 x 轴的直线.

证 在开区间 (a, b) 内任取两点 x_1, x_2,不妨设 $x_1 < x_2$,显然 $f(x)$ 在 $[x_1, x_2]$ 上满足拉格朗日中值定理的条件,于是 $f(x_2) - f(x_1) = f'(\xi)(x_2 - x_1), x_1 < \xi < x_2$. 因为 $f'(x) = 0$,所以 $f'(\xi) = 0$,从而 $f(x_2) = f(x_1)$.

这说明区间内任意两点的函数值相等,从而证明了函数 $f(x)$ 在开区间 (a, b) 内是一个常数.

例7 证明: $\arcsin x + \arccos x = \frac{\pi}{2}, x \in [-1, 1]$.

证 设 $f(x) = \arcsin x + \arccos x, x \in [-1, 1]$.

当 $x \in [-1, 1]$ 时,有 $f'(x) = \frac{1}{\sqrt{1 - x^2}} - \frac{1}{\sqrt{1 - x^2}} = 0$,由推论1知, $f(x)$ 在 $(-1, 1)$ 上恒为常数,即 $f(x) = C, C$ 为常数, $x \in (-1, 1)$. 将 $x = 0$ 代入上式,得 $C = \frac{\pi}{2}$.

因此,当 $|x| < 1$ 时,有 $\arcsin x + \arccos x = \frac{\pi}{2}$. 显然,当 $|x| = 1$ 时 $f(x) = \frac{\pi}{2}$.

故当 $|x| \leq 1$ 时,有 $\arcsin x + \arccos x = \frac{\pi}{2}$.

推论2 若 $f(x)$ 及 $g(x)$ 在 (a, b) 内可导,且对任意 $x \in (a, b)$,有 $f'(x) = g'(x)$,则在 (a, b) 内, $f(x) = g(x) + C (C$ 为常数).

证 因为 $[f(x) - g(x)]' = f'(x) - g'(x) = 0$,由推论1,有 $f(x) - g(x) = C$,即 $f(x) = g(x) + C, x \in (a, b)$.

例8 设函数 $f(x)$ 及 $g(x)$ 在闭区间 $[a, b]$ 上连续,在开区间 (a, b) 内可导,证明:存在 $\xi \in (a, b)$,使得

$$f(a)g(b) - g(a)f(b) = [f(a)g'(\xi) - g(a)f'(\xi)](b-a).$$

证 构造函数 $F(x) = f(a)g(x) - g(a)f(x)$，由题设可知，$F(x)$ 在 $[a,b]$ 上连续，在开区间 (a,b) 内可导，由拉格朗日中值定理可知，存在 $\xi \in (a,b)$，使得

$$F(b) - F(a) = F'(\xi)(b-a).$$

又 $F(b) = f(a)g(b) - g(a)f(b)$，$F(a) = 0$，$F'(x) = f(a)g'(x) - g(a)f'(x)$，代入即可得

$$f(a)g(b) - g(a)f(b) = [f(a)g'(\xi) - g(a)f'(\xi)](b-a).$$

三、 柯西中值定理

拉格朗日中值定理还可以进一步推广.

定理 3（柯西中值定理） 若函数 $f(x)$ 和 $g(x)$ 满足以下条件：

(1) 在闭区间 $[a,b]$ 上连续，

(2) 在开区间 (a,b) 内可导，且 $g'(x) \neq 0$，那么在 (a,b) 内至少存在一点 ξ，使得

$$\frac{f(b) - f(a)}{g(b) - g(a)} = \frac{f'(\xi)}{g'(\xi)}, a < \xi < b. \tag{4-5}$$

与拉格朗日中值定理类似，只要对函数

$$F(x) = g(x)[f(b) - f(a)] - f(x)[g(b) - g(a)]$$

在区间 $[a,b]$ 上应用罗尔定理即可证明.

特别地，若取 $g(x) = x$，则 $g(b) - g(a) = b - a$，$g'(\xi) = 1$，式 (4-5) 就成了式 (4-1)，这就是拉格朗日中值定理. 可见，柯西中值定理是拉格朗日中值定理的推广，拉格朗日中值定理则是柯西中值定理的特殊情形.

例 9 设函数 $f(x)$ 在 $[a,b]$ 上连续，在 (a,b) 内可导，$a, b > 0$. 证明：存在 $\xi, \eta \in (a,b)$，使得

$$f'(\xi) = \frac{f'(\eta)}{2\eta} \cdot (a+b).$$

证 取 $g(x) = x^2$，则 $f(x)$ 与 $g(x)$ 在闭区间 $[a,b]$ 上连续，在开区间 (a,b) 内可导，且 $g'(x) \neq 0$，由柯西中值定理有

$$\frac{f(a) - f(b)}{g(a) - g(b)} = \frac{f'(\eta)}{2\eta}, \eta \in (a,b). \tag{1}$$

又

$$\frac{f(a) - f(b)}{g(a) - g(b)} = \frac{f(a) - f(b)}{a^2 - b^2} = \frac{f(a) - f(b)}{(a-b)(a+b)},$$

再对函数 $f(x)$ 利用拉格朗日中值定理有

$$\frac{f(a) - f(b)}{g(a) - g(b)} = \frac{f'(\xi)(a-b)}{(a-b)(a+b)} = \frac{f'(\xi)}{a+b}, \xi \in (a,b), \tag{2}$$

联立式 (1)、式 (2) 即有

$$f'(\xi) = \frac{f'(\eta)}{2\eta} \cdot (a+b), \xi, \eta \in (a,b).$$

第二节　洛必达法则

★ 洛必达
　　相关介绍
　　见本页二维码

在极限部分，我们常常会遇到在某一极限过程中，$f(x)$ 和 $g(x)$ 都是无穷小量或都是无穷大量时，求 $\frac{f(x)}{g(x)}$ 的极限的情况，此时的极限往往很难求得，其结果可能是零，可能是不为零的常数，也可能不存在. 通常称这种极限为未定式（或待定型），并分别简记为 "$\frac{0}{0}$" 或 "$\frac{\infty}{\infty}$". 本节借助于洛必达（L'Hospital）法则来处理未定式极限，它是计算 "$\frac{0}{0}$" 型、"$\frac{\infty}{\infty}$" 型极限的简单而有效的法则. 该法则的理论依据是柯西中值定理.

定义1　如果 $x \to x_0$（或 $x \to \infty$）时，两个函数 $f(x)$、$g(x)$ 都趋向于 0 或者 ∞，那么极限 $\lim\limits_{\substack{x \to x_0 \\ (x \to \infty)}} \frac{f(x)}{g(x)}$ 可能存在，也可能不存在. 通常把这种极限叫作未定式，分别简记为 "$\frac{0}{0}$" 或 "$\frac{\infty}{\infty}$".

假定在同一极限过程中，

（1）$\lim f(x) = 0$，$\lim g(x) = 0$，则称 $\lim \frac{f(x)}{g(x)}$ 为 "$\frac{0}{0}$" 型未定式，$\lim f(x)^{g(x)}$ 为 "0^0" 型未定式；

（2）$\lim f(x) = \infty$，$\lim g(x) = \infty$，则称 $\lim \frac{f(x)}{g(x)}$ 为 "$\frac{\infty}{\infty}$" 型未定式，$\lim [f(x) - g(x)]$ 为 "$\infty - \infty$" 型未定式；

（3）$\lim f(x) = \infty$，$\lim g(x) = 0$，则称 $\lim f(x) g(x)$ 为 "$\infty \cdot 0$" 型未定式，$\lim f(x)^{g(x)}$ 为 "∞^0" 型未定式；

（4）$\lim f(x) = 1$，$\lim g(x) = \infty$，则称 $\lim f(x)^{g(x)}$ 为 "1^∞" 型未定式.

各种未定式中，最基本的是 "$\frac{0}{0}$" 和 "$\frac{\infty}{\infty}$" 型，其他的未定式都可以变形转化为 "$\frac{0}{0}$" 和 "$\frac{\infty}{\infty}$" 型未定式.

一、"$\frac{0}{0}$" 型未定式

定理1　设函数 $f(x)$、$g(x)$ 满足下列条件：

（1）$\lim\limits_{x \to x_0} f(x) = 0$，$\lim\limits_{x \to x_0} g(x) = 0$；

（2）$f(x)$、$g(x)$ 在 $\mathring{U}(x_0)$ 内可导，且 $g'(x)\neq 0$；

（3）$\lim\limits_{x\to x_0}\dfrac{f'(x)}{g'(x)}$ 存在（或为 ∞），

则

$$\lim_{x\to x_0}\frac{f(x)}{g(x)}=\lim_{x\to x_0}\frac{f'(x)}{g'(x)}.$$

证　由于函数在 x_0 点的极限与函数在该点的定义无关，由条件（1），我们不妨设 $f(x_0)=0$，$g(x_0)=0$. 由条件（1）和条件（2）知，$f(x)$ 与 $g(x)$ 在 $U(x_0)$ 内连续. 设 $x\in\mathring{U}(x_0)$，则 $f(x)$ 与 $g(x)$ 在 $[x_0,x]$ 或 $[x,x_0]$ 上满足柯西定理的条件，于是

$$\frac{f(x)}{g(x)}=\frac{f(x)-f(x_0)}{g(x)-g(x_0)}=\frac{f'(\xi)}{g'(\xi)},\xi\in(x_0,x).$$

当 $x\to x_0$ 时，显然有 $\xi\to x_0$，由条件（3）得

$$\lim_{x\to x_0}\frac{f(x)}{g(x)}=\lim_{\xi\to x_0}\frac{f'(\xi)}{g'(\xi)}=\lim_{x\to x_0}\frac{f'(x)}{g'(x)}.$$

注　（1）若将定理条件（1）中的 $x\to x_0$ 换成 $x\to x_0^-$ 或 $x\to x_0^+$，只要相应地修正条件（2）中的邻域，可得同样的结论；

（2）如果 $\lim\limits_{x\to x_0}\dfrac{f'(x)}{g'(x)}$ 仍为 “$\dfrac{0}{0}$” 型未定式，且 $f'(x)$、$g'(x)$ 满足定理条件，则可继续使用洛必达法则；

（3）洛必达法则仅适用于未定式求极限，运用洛必达法则时，要验证定理的条件，当 $\lim\limits_{x\to x_0}\dfrac{f'(x)}{g'(x)}$ 既不存在也不为 ∞ 时，不能运用洛必达法则.

例 1　求 $\lim\limits_{x\to 0}\dfrac{\sin ax}{\sin bx}(b\neq 0)$.

解　该极限属于 “$\dfrac{0}{0}$” 型未定式.

$$\lim_{x\to 0}\frac{\sin ax}{\sin bx}=\lim_{x\to 0}\frac{a\cos ax}{b\cos bx}=\frac{a}{b}.$$

例 2　求 $\lim\limits_{x\to 0}\dfrac{\sin^2 x-x\sin x\cos x}{x^4}$.

解　该极限属于 “$\dfrac{0}{0}$” 型未定式，如果直接运用洛必达法则，分子的导数比较复杂，但如果利用极限运算法则进行适当化简，再用洛必达法则就简单多了.

$$\lim_{x\to 0}\frac{\sin^2 x-x\sin x\cos x}{x^4}=\lim_{x\to 0}\frac{\sin x-x\cos x}{x^3}\cdot\lim_{x\to 0}\frac{\sin x}{x}$$

$$=\lim_{x\to 0}\frac{\sin x-x\cos x}{x^3}=\lim_{x\to 0}\frac{\cos x-\cos x+x\sin x}{3x^2}=\lim_{x\to 0}\frac{\sin x}{3x}=\frac{1}{3}.$$

例3 求 $\lim\limits_{x\to 0}\dfrac{x^2\sin\dfrac{1}{x}}{\sin x}$.

解 该极限属于"$\dfrac{0}{0}$"型未定式,这时若对分子和分母分别求导再求极限,得

$$\lim\limits_{x\to 0}\dfrac{x^2\sin\dfrac{1}{x}}{\sin x}=\lim\limits_{x\to 0}\dfrac{2x\sin\dfrac{1}{x}-\cos\dfrac{1}{x}}{\cos x}.$$

上式右端的极限不存在且不为 ∞,所以洛必达法则失效.事实上可以求得

$$\lim\limits_{x\to 0}\dfrac{x^2\sin\dfrac{1}{x}}{\sin x}=\lim\limits_{x\to 0}\left(\dfrac{x}{\sin x}\cdot x\cdot \sin\dfrac{1}{x}\right)=\lim\limits_{x\to 0}\dfrac{x}{\sin x}\cdot \lim\limits_{x\to 0}x\cdot \sin\dfrac{1}{x}=0.$$

洛必达法则对 $x\to \infty$ 的情形也成立.只要把定理中的条件所考虑的点 x_0 的某邻域改成 $|x|$ 充分大.

推论1 设函数 $f(x)$、$g(x)$ 满足下列条件:

(1) $\lim\limits_{x\to \infty}f(x)=0,\lim\limits_{x\to \infty}g(x)=0$;

(2) 存在 $N>0$,当 $|x|>N$ 时,$f(x)$ 和 $g(x)$ 可导,且 $g'(x)\neq 0$;

(3) $\lim\limits_{x\to \infty}\dfrac{f'(x)}{g'(x)}$ 存在(或为 ∞),

则 $$\lim\limits_{x\to \infty}\dfrac{f(x)}{g(x)}=\lim\limits_{x\to \infty}\dfrac{f'(x)}{g'(x)}.$$

上述推论的结果也可推广到 $x\to -\infty$ 或 $x\to +\infty$ 的情形.

例4 求 $\lim\limits_{x\to +\infty}\dfrac{\dfrac{\pi}{2}-\arctan x}{\dfrac{1}{x}}$.

解 该极限属于"$\dfrac{0}{0}$"型未定式,由洛必达法则有

$$\lim\limits_{x\to +\infty}\dfrac{\dfrac{\pi}{2}-\arctan x}{\dfrac{1}{x}}=\lim\limits_{x\to +\infty}\dfrac{-\dfrac{1}{1+x^2}}{-\dfrac{1}{x^2}}=\lim\limits_{x\to +\infty}\dfrac{x^2}{1+x^2}=1.$$

二、 $\dfrac{\infty}{\infty}$ 型未定式

对于 $\dfrac{\infty}{\infty}$ 型未定式,它也有与 $\dfrac{0}{0}$ 型未定式类似的方法,我们将其结果叙述如下,而将证明从略.

定理2 设函数 $f(x)$、$g(x)$ 满足下列条件:

(1) $\lim\limits_{x\to x_0}f(x)=\infty$,$\lim\limits_{x\to x_0}g(x)=\infty$;

(2) $f(x)$ 和 $g(x)$ 在 $\overset{\circ}{U}(x_0)$ 内可导,且 $g'(x) \neq 0$;

(3) $\lim\limits_{x \to x_0} \dfrac{f'(x)}{g'(x)}$ 存在(或为 ∞),

则
$$\lim_{x \to x_0} \frac{f(x)}{g(x)} = \lim_{x \to x_0} \frac{f'(x)}{g'(x)}.$$

推论2 设函数 $f(x)$、$g(x)$ 满足下列条件:

(1) $\lim\limits_{x \to \infty} f(x) = \infty$,$\lim\limits_{x \to \infty} g(x) = \infty$;

(2) 存在 $X > 0$,当 $|x| > X$ 时,$f(x)$ 和 $g(x)$ 可导,且 $g'(x) \neq 0$;

(3) $\lim\limits_{x \to \infty} \dfrac{f'(x)}{g'(x)}$ 存在(或为 ∞),

则
$$\lim_{x \to \infty} \frac{f(x)}{g(x)} = \lim_{x \to \infty} \frac{f'(x)}{g'(x)}.$$

上述定理及推论中的结果可分别推广到 $x \to x_0^-$,$x \to x_0^+$ 和 $x \to -\infty$,$x \to +\infty$ 的情形.

例5 求 $\lim\limits_{x \to +\infty} \dfrac{\ln x}{x^n} (n > 0)$.

解 该极限属于 "$\dfrac{\infty}{\infty}$" 型未定式,由洛必达法则有

$$\lim_{x \to +\infty} \frac{\ln x}{x^n} = \lim_{x \to +\infty} \frac{\dfrac{1}{x}}{nx^{n-1}} = \lim_{x \to +\infty} \frac{1}{nx^n} = 0.$$

例6 求 $\lim\limits_{x \to +\infty} \dfrac{x^n}{e^{\lambda x}} (n$ 为正整数,$\lambda > 0)$.

解 相继应用洛必达法则 n 次,得

$$\lim_{x \to +\infty} \frac{x^n}{e^{\lambda x}} = \lim_{x \to +\infty} \frac{nx^{n-1}}{\lambda e^{\lambda x}} = \lim_{x \to +\infty} \frac{n(n-1)x^{n-2}}{\lambda^2 e^{\lambda x}} = \cdots = \lim_{x \to +\infty} \frac{n!}{\lambda^n \cdot e^{\lambda x}} = 0.$$

事实上,当 n 为任意正实数时,上面的结论也成立,这说明任何正数幂的幂函数的增长总比指数函数 $e^{\lambda x}$ 的增长慢.

例7 求 $\lim\limits_{x \to 0^+} \dfrac{e^{-\frac{1}{x}}}{x}$.

解 该极限属于 "$\dfrac{0}{0}$" 型未定式. 运用洛必达法则有

$$\lim_{x \to 0^+} \frac{e^{-\frac{1}{x}}}{x} = \lim_{x \to 0^+} \frac{e^{-\frac{1}{x}} \cdot \dfrac{1}{x^2}}{1} = \lim_{x \to 0^+} \frac{e^{-\frac{1}{x}}}{x^2} = \lim_{x \to 0^+} \frac{e^{-\frac{1}{x}}}{2x^3} \left(\text{``}\frac{0}{0}\text{''型} \right).$$

可见,这样做下去是得不出结果的,但此时我们可以采用下面的变换技巧来求得其极限.

$$\lim_{x \to 0^+} \frac{e^{-\frac{1}{x}}}{x} = \lim_{x \to 0^+} \frac{\dfrac{1}{x}}{e^{\frac{1}{x}}} \xlongequal{\diamondsuit t = \frac{1}{x}} \lim_{t \to +\infty} \frac{t}{e^t} \left(\text{``}\frac{0}{0}\text{''型} \right) = \lim_{t \to +\infty} \frac{1}{e^t} = 0.$$

三、 其他未定式

其他还有一些"$0 \cdot \infty$""$\infty - \infty$""0^0""1^∞""∞^0"型的未定式,也可通过转化为"$\dfrac{0}{0}$"型或"$\dfrac{\infty}{\infty}$"型的未定式来计算,下面用例子说明.

例 8 求 $\lim\limits_{x \to 0^+} x \cdot \ln x$.

解 这是"$0 \cdot \infty$"型未定式.

$$\lim_{x \to 0^+} x \cdot \ln x = \lim_{x \to 0^+} \frac{\ln x}{\dfrac{1}{x}} \left(\text{"}\frac{\infty}{\infty}\text{"}型\right) = \lim_{x \to 0^+} \frac{\dfrac{1}{x}}{-\dfrac{1}{x^2}} = \lim_{x \to 0^+} (-x) = 0.$$

例 9 求 $\lim\limits_{x \to \frac{\pi}{2}} (\sec x - \tan x)$.

解 这是"$\infty - \infty$"型未定式,通分后可转化成"$\dfrac{0}{0}$"型.

$$\lim_{x \to \frac{\pi}{2}} (\sec x - \tan x) = \lim_{x \to \frac{\pi}{2}} \frac{1 - \sin x}{\cos x} \left(\text{"}\frac{0}{0}\text{"}型\right) = \lim_{x \to \frac{\pi}{2}} \frac{-\cos x}{-\sin x} = 0.$$

例 10 求 $\lim\limits_{x \to 0^+} x^x$.

解 这是"$\dfrac{0}{0}$"型未定式,我们先运用对数恒等式 $x^x = e^{x \cdot \ln x}$,再求极限.

$$\lim_{x \to 0^+} x^x = \lim_{x \to 0^+} e^{x \cdot \ln x} = e^{\lim\limits_{x \to 0^+} x \ln x} = e^{\lim\limits_{x \to 0^+} \frac{\ln x}{1/x}} = e^{\lim\limits_{x \to 0^+} \left[\frac{1}{x} / \left(-\frac{1}{x^2}\right)\right]} = e^{\lim\limits_{x \to 0^+} -x} = e^0 = 1.$$

例 11 求 $\lim\limits_{x \to 0} \left(\dfrac{\sin^2 x}{x^4} - \dfrac{\tan x}{x^3}\right)$.

解 这是"$\infty - \infty$"型未定式,则

$$\lim_{x \to 0} \left(\frac{\sin^2 x}{x^4} - \frac{\tan x}{x^3}\right) = \lim_{x \to 0} \left(\frac{\sin^2 x - x \tan x}{x^4}\right)$$

$$= \lim_{x \to 0} \frac{\tan x}{x} \cdot \frac{\sin x \cos x - x}{x^3}$$

$$= \lim_{x \to 0} \frac{\tan x}{x} \cdot \lim_{x \to 0} \frac{\sin x \cos x - x}{x^3}$$

$$= \lim_{x \to 0} \frac{\sin x \cos x - x}{x^3} = \lim_{x \to 0} \frac{\cos^2 x - \sin^2 x - 1}{3x^2}$$

$$= \lim_{x \to 0} \frac{\cos 2x - 1}{3x^2} = \lim_{x \to 0} \frac{-\dfrac{1}{2}(2x)^2}{3x^2} = -\frac{2}{3}.$$

注 此例也可结合运用第二章中介绍的方法求得(请读者自己完成).

例 12 求 $\lim\limits_{x \to 0^+} \left(1 + \dfrac{1}{x}\right)^x$.

解　这是"∞^0"型未定式,则

$$\lim_{x\to 0^+}\left(1+\frac{1}{x}\right)^x = \lim_{x\to 0^+}e^{x\ln\left(1+\frac{1}{x}\right)} = e^{\lim\limits_{x\to 0^+}\frac{\ln\left(1+\frac{1}{x}\right)}{\frac{1}{x}}}$$

$$= e^{\lim\limits_{x\to 0^+}\frac{\left(1+\frac{1}{x}\right)^{-1}\cdot\left(-\frac{1}{x^2}\right)}{-\frac{1}{x^2}}} = e^{\lim\limits_{x\to 0^+}\frac{x}{1+x}} = e^0 = 1.$$

洛必达法则是求未定式极限的一种有效方法,但最好能与其他求极限的方法结合使用.例如能化简时应尽可能先化简;可以应用等价无穷小替代成重要极限时,应尽可能应用,这样可以使运算简洁.

例 13　求 $\lim\limits_{x\to 0}\dfrac{x-\tan x}{x^2\cdot\sin x}$.

解　若直接用洛必达法则,则分母的导函数(尤其是高阶导数)较复杂.而如果我们可以先进行一个等价无穷小代换,那么运算就会简单得多.由 $\sin x \sim x(x\to 0)$,则有

$$\lim_{x\to 0}\frac{x-\tan x}{x^2\cdot\sin x} = \lim_{x\to 0}\frac{x-\tan x}{x^3} = \lim_{x\to 0}\frac{1-\sec^2 x}{3x^2} = -\lim_{x\to 0}\frac{2\sec^2 x\cdot\tan x}{6x}$$

$$= -\frac{1}{3}\lim_{x\to 0}\frac{1}{\cos^2 x}\cdot\lim_{x\to 0}\frac{\tan x}{x} = -\frac{1}{3}\lim_{x\to 0}\frac{\tan x}{x} = -\frac{1}{3}.$$

第三节　泰勒公式

一、泰勒公式

对于一些比较复杂的函数,为了便于研究其性质,往往希望用一些简单的函数来近似表达.而多项式函数对于自变量进行有限次的加、减、乘运算的情况,便于求出其函数值,因此我们经常用多项式函数来近似表达函数.

> ★ 泰勒
> 　相关介绍
> 见本页二维码

设函数 $f(x)$ 在 x_0 处可导,则由微分公式有 $f(x) = f(x_0) + f'(x_0)(x-x_0) + o(x-x_0)$ 这表明在 x_0 处 $f(x)$ 可以用一个一次多项式来近似表示.但这种表示存在缺陷:函数的表示不够精确,且误差不易估计.为了解决此问题,用一个高次多项式来近似表示函数,且使其误差容易估计,这就是泰勒公式的作用.

设函数 $f(x)$ 在含有 x_0 的开区间内具有直到 $(n+1)$ 阶导数,下面找出 $x-x_0$ 的 n 次多项式:

$$P_n(x) = a_0 + a_1(x-x_0) + a_2(x-x_0)^2 + \cdots + a_n(x-x_0)^n \qquad (4\text{-}6)$$

为使其能够近似表示 $f(x)$,要求

(1) $p_n(x)$ 与 $f(x)$ 之差是比 $(x-x_0)^n$ 高阶的无穷小;

(2) 给出误差 $|f(x) - p_n(x)|$ 的具体表达式.

假设 $p_n(x)$ 在 x_0 处的函数值及 n 阶导数在 x_0 处的值满足:

$$f(x_0) = p_n(x_0), f'(x_0) = p_n'(x_0), \cdots, f^{(n)}(x_0) = p_n^{(n)}(x_0),$$

$$(4\text{-}7)$$

下面确定多项式的系数 $a_0, a_1, \cdots, a_n$，对式(4-6)求各阶导数，然后分别代入以上等式，得 $a_0 = f(x_0), a_1 = f'(x_0), a_2 \cdot 2! = f''(x_0), \cdots,$ $a_n \cdot n! = f^{(n)}(x_0)$，

即　　$a_0 = f(x_0), a_1 = f'(x_0), a_2 = \dfrac{1}{2!}f''(x_0), \cdots, a_n = \dfrac{1}{n!}f^{(n)}(x_0)$．

从而

$$p_n(x) = f(x_0) + \frac{f'(x_0)}{1!}(x - x_0) + \frac{f''(x_0)}{2!}(x - x_0)^2 + \cdots + \frac{f^{(n)}(x_0)}{n!}(x - x_0)^n.$$

$$(4\text{-}8)$$

定理 1（泰勒中值定理）　　如果函数 $f(x)$ 在含有 x_0 的某个开区间 (a, b) 内具有直到 $n+1$ 阶导数，则对于任意一 $x \in (a, b)$，有

$$f(x) = f(x_0) + f'(x_0)(x - x_0) + \frac{f''(x_0)}{2!}(x - x_0)^2 + \cdots +$$

$$\frac{f^{(n)}(x_0)}{n!}(x - x_0)^n + R_n(x), \tag{4-9}$$

其中，$R_n(x) = \dfrac{f^{(n+1)}(\xi)}{(n+1)!}(x - x_0)^{n+1}$（这里 ξ 是 x_0 与 x 之间的某个值）．

$$(4\text{-}10)$$

证　记 $R_n(x) = f(x) - p_n(x)$，只需证明

$$R_n(x) = \frac{f^{(n+1)}(\xi)}{(n+1)!}(x - x_0)^{n+1} \quad (\xi \text{ 介于 } x_0 \text{ 与 } x \text{ 之间}).$$

由假设可知，$R_n(x)$ 在 (a, b) 内具有直到 $n+1$ 阶导数，且

$$R_n(x_0) = R_n'(x_0) = \cdots = R_n^{(n)}(x_0) = 0,$$

则 $R_n(x)$ 和 $(x - x_0)^{n+1}$ 在 $[x_0, x]$ 或 $[x, x_0]$ 满足柯西中值定理，即有

$$\frac{R_n(x)}{(x - x_0)^{n+1}} = \frac{R_n(x) - R_n(x_0)}{(x - x_0)^{n+1} - 0} = \frac{R_n'(\xi_1)}{(n+1)(\xi_1 - x_0)^n} \quad (\xi_1 \text{ 介于 } x_0 \text{ 与 } x \text{ 之间}).$$

同样，函数 $R_n'(x)$ 与 $(n+1)(x - x_0)^n$ 在 $[x_0, x]$ 或 $[x, x_0]$ 满足柯西中值定理，即

$$\frac{R_n'(\xi_1)}{(n+1)(\xi_1 - x_0)^n} = \frac{R_n'(\xi_1) - R_n'(x_0)}{(n+1)(\xi_1 - x_0) - 0}$$

$$= \frac{R_n''(\xi_2)}{n(n+1)(\xi_2 - x_0)^{n-1}} \quad (\xi_2 \text{ 在 } x_0 \text{ 与 } \xi_1 \text{ 之间}).$$

连续经过 $n+1$ 次后，得

$$\frac{R_n(x)}{(x - x_0)^{n+1}} = \frac{R_n^{(n+1)}(\xi)}{(n+1)!} \quad (\xi \text{ 在 } x_0 \text{ 与 } \xi_n \text{ 之间，从而在 } x_0 \text{ 与 } x \text{ 之间}),$$

由于 $R_n^{(n+1)}(x) = f^{(n+1)}(x)$（因为 $p_n^{(n+1)}(x) = 0$），所以

$$R_n(x) = \frac{f^{(n+1)}(\xi)}{(n+1)!}(x - x_0)^{n+1} \quad (\xi \text{ 是 } x_0 \text{ 与 } x \text{ 之间的某个值}).$$

定理中的公式(4-9)称为函数 $f(x)$ 在 $x = x_0$ 点的 n 阶泰勒展开

式,或称为具有拉格朗日型余项的 n 阶泰勒公式. 式(4-10)中的 $R_n(x)$ 称为拉格朗日型余项. 式(4-8)中的多项式 $p_n(x) = f(x_0) + \dfrac{f'(x_0)}{1!}(x-x_0) + \dfrac{f''(x_0)}{2!}(x-x_0)^2 + \cdots + \dfrac{f^{(n)}(x_0)}{n!}(x-x_0)^n$ 称为 $f(x)$ 在 $x = x_0$ 点的 n 阶泰勒多项式(或称为 n 次近似公式).

对某个固定的 n 值,如果存在 $M > 0$,使得 $|f^{(n+1)}(x)| \leqslant M$,则有余项估计式:

$$|R_n(x)| = \left| \frac{f^{(n+1)}(\xi)}{(n+1)!}(x-x_0)^{n+1} \right| \leqslant \frac{M}{(n+1)!}|x-x_0|^{n+1}.$$

且 $\lim\limits_{x \to x_0} \dfrac{R_n(x)}{(x-x_0)^{n+1}} = 0$,因此 $R_n(x) = o[(x-x_0)^n]$.

特别地,当 $n = 0$ 时,有 $f(x) = f(x_0) + f'(\xi)(x-x_0)$($\xi$ 介于 x_0 与 x 之间),此为拉格朗日中值定理. 因此,拉格朗日型余项的泰勒公式是拉格朗日中值定理的推广.

当不需要余项的精确表达式时,则 n 阶泰勒公式也可写成:

$$f(x) = f(x_0) + \frac{f'(x_0)}{1!}x + \frac{f''(x_0)}{2!}x^2 + \cdots + \frac{f^{(n)}(x_0)}{n!}x^n + o[(x-x_0)^{n+1}]$$

$$(4\text{-}11)$$

式(4-11)称为佩亚诺(Peano)公式,$R_n(x) = o[(x-x_0)^n]$ 称为佩亚诺(Peano)型余项.

特别地,当 $x_0 = 0$ 时,即为麦克劳林(Maclaurin)公式:

$$f(x) = f(0) + \frac{f'(0)}{1!}x + \frac{f''(0)}{2!}x^2 + \cdots + \frac{f^{(n)}(0)}{n!}x^n + \frac{f^{(n+1)}(\xi)}{(n+1)!}x^{n+1}$$

(ξ 在 x_0 与 x 之间),

> ★ 佩亚诺和麦克劳林
> 　相关介绍
> 　见本页二维码

或　$f(x) = f(0) + f'(0)x + \dfrac{f''(0)}{2!}x^2 + \cdots + \dfrac{f^{(n)}(0)}{n!}x^n + o(x^n).$

拉格朗日型余项的麦克劳林公式也可写成:

$$f(x) = f(0) + f'(0)x + \frac{f''(0)}{2!}x^2 + \cdots +$$

$$\frac{f^{(n)}(0)}{n!}x^n + \frac{f^{(n+1)}(\theta x)}{(n+1)!}x^{n+1} \quad (0 < \theta < 1) \quad (4\text{-}12)$$

于是 $f(x) \approx f(0) + f'(0)x + \dfrac{f''(0)}{2!}x^2 + \cdots + \dfrac{f^{(n)}(0)}{n!}x^n$,且 $|R_n(x)| \leqslant \dfrac{M}{(n+1)!}|x|^{n+1}$.

二、　几个常用的麦克劳林公式

(1) $\mathrm{e}^x = 1 + x + \dfrac{x^2}{2!} + \cdots + \dfrac{x^n}{n!} + o(x^n)$;

(2) $\sin x = x - \dfrac{x^3}{3!} + \dfrac{x^5}{5!} - \cdots + (-1)^{n-1}\dfrac{x^{2n-1}}{(2n-1)!} + o(x^{2n})$;

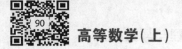

(3) $\cos x = 1 - \dfrac{x^2}{2!} + \dfrac{x^4}{4!} - \cdots + (-1)^n \dfrac{x^{2n}}{(2n)!} + o(x^{2n+1})$;

(4) $\ln(1+x) = x - \dfrac{x^2}{2} + \dfrac{x^3}{3} - \cdots + (-1)^{n-1}\dfrac{x^n}{n} + o(x^n)$;

(5) $(1+x)^\alpha = 1 + \alpha x + \dfrac{\alpha(\alpha-1)}{2!}x^2 + \cdots + \dfrac{\alpha(\alpha-1)\cdots(\alpha-n+1)}{n!}x^n + o(x^n)$;

特别地，$\dfrac{1}{1-x} = 1 + x + x^2 + \cdots + x^n + o(x^n)$;

$\dfrac{1}{1+x} = 1 - x + x^2 - \cdots + (-1)^n x^n + o(x^n)$.

利用上述几个函数的麦克劳林公式，应用变量代换的方法，可以间接求得其他一些函数的麦克劳林公式或泰勒公式，也可用泰勒公式求某些类型的极限.

例1 写出函数 $f(x) = \mathrm{e}^{-\frac{x^2}{2}}$ 的麦克劳林公式.

解 用 $-\dfrac{x^2}{2}$ 替换常用麦克劳林公式中的第(1)式中的 x，得到

$$\mathrm{e}^{-\frac{x^2}{2}} = 1 - \dfrac{x^2}{2} + \dfrac{x^4}{2^2 \cdot 2!} + \cdots + (-1)^n \dfrac{x^{2n}}{2^n \cdot n!} + o(x^{2n}).$$

例2 求函数 $f(x) = \ln x$ 在 $x=2$ 点的泰勒公式.

解 由于

$$\ln x = \ln[2 + (x-2)] = \ln 2 + \ln\left(1 + \dfrac{x-2}{2}\right),$$

因此，用 $\dfrac{x-2}{2}$ 替换常用麦克劳林公式中的第(4)式中的 x，得到

$$\ln x = \ln 2 + \dfrac{1}{2}(x-2) - \dfrac{1}{2 \cdot 2^2}(x-2)^2 + \cdots +$$

$$(-1)^{n-1}\dfrac{1}{n \cdot 2^n}(x-2)^n + o((x-2)^n).$$

例3 求极限 $\lim\limits_{x \to 0} \dfrac{\cos x - \mathrm{e}^{-\frac{x^2}{2}}}{x^4}$.

解 本题可以用洛必达法则求解，但比较烦琐.下面应用泰勒公式求解.考虑到极限的分母为 x^4，用麦克劳林公式表示极限式中的分子(分别取 $n=2$、$n=4$，并利用 e^x 及 $\cos x$ 的麦克劳林公式).

因为

$$\cos x = 1 - \dfrac{x^2}{2} + \dfrac{x^4}{24} + o(x^5), \mathrm{e}^{-\frac{x^2}{2}} = 1 - \dfrac{x^2}{2} + \dfrac{x^4}{8} + o(x^5),$$

所以 $\lim\limits_{x \to 0} \dfrac{\cos x - \mathrm{e}^{-\frac{x^2}{2}}}{x^4} = \lim\limits_{x \to 0} \dfrac{-\dfrac{1}{12}x^4 + o(x^5)}{x^4} = -\dfrac{1}{12}$.

例4 设 $\lim\limits_{x\to 0}\dfrac{f(x)}{x}=1$ 且 $f''(x)>0$. 证明:$f(x)\geqslant x$.

证 由于 $\lim\limits_{x\to 0}\dfrac{f(x)}{x}=1$,故 $f(0)=0$,$f'(0)=1$,

而 $f(x)$ 在 $x=0$ 处的一阶泰勒公式为 $f(x)=f(0)+f'(0)x+\dfrac{f''(\xi)}{2!}x^2$,

即 $f(x)=x+\dfrac{f''(\xi)}{2}x^2$,又 $f''(x)>0$,故 $f(x)\geqslant x$.

第四节 函数的单调性与极值

一、函数的单调性

我们在第一章已经介绍了函数在区间上单调性的概念.下面利用导数来对函数的单调性进行研究.

定理1 设函数 $f(x)$ 在闭区间 $[a,b]$ 上连续,且在 (a,b) 内可导,则

(1) 若对任意 $x\in(a,b)$,有 $f'(x)\geqslant 0$,则 $f(x)$ 在 $[a,b]$ 上单调增加;

(2) 若对任意 $x\in(a,b)$,有 $f'(x)\leqslant 0$,则 $f(x)$ 在 $[a,b]$ 上单调减少.

证 对任意 $x_1,x_2\in[a,b]$,不妨设 $x_1<x_2$,由拉格朗日中值定理有
$$f(x_2)-f(x_1)=f'(\xi)(x_2-x_1),\xi\in(x_1,x_2).$$
由 $f'(x)>0$,得 $f'(\xi)>0$,故 $f(x_2)>f(x_1)$,(1)得证.类似地可证(2).

注 (1) 从上面的证明过程可以看出,定理中的闭区间若换成其他区间(如开的、闭的或无穷区间等),结论仍成立.

(2) 如果函数 $y=f(x)$ 在区间 I 上单调,则称区间 I 为函数的单调区间.

(3) 函数的单调性是一个区间上的性质,要用导数在这一区间上的符号来判断,而不能用一点处的导数符号来判别一个区间上的单调性.

例1 判断函数 $y=x-\sin x$ 在 $[0,2\pi]$ 上的单调性.

解 因为对任意的 $x\in(0,2\pi)$,有 $y'=1-\cos x>0$.
所以由定理1可知,函数 $y=x-\sin x$ 在 $[0,2\pi]$ 上单调增加.

例2 求函数 $y=e^x-x-1$ 的单调性.

解 函数的定义域为 $(-\infty,+\infty)$,函数在整个定义域内可导,

且 $y' = e^x - 1$.

又在 $(-\infty, 0)$ 内 $y' < 0$, 所以函数 $y = e^x - x - 1$ 在 $(-\infty, 0]$ 上单调减少; 在 $(0, +\infty)$ 内 $y' > 0$, 所以函数 $y = e^x - x - 1$ 在 $(0, +\infty)$ 上单调增加.

例 3　讨论函数 $y = \sqrt[3]{x^2}$ 的单调性.

解　函数的定义域为 $(-\infty, +\infty)$, 当 $x \neq 0$ 时, $y' = \dfrac{2}{3\sqrt[3]{x}}$; 当 $x = 0$ 时, 函数的导数不存在. 而当 $x > 0$ 时, $y' > 0$; 当 $x < 0$ 时, $y' < 0$, 故函数在 $(-\infty, 0)$ 内单调减少, 在 $(0, +\infty)$ 内单调增加 (见图 4-4).

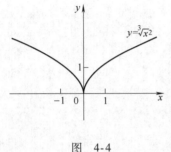

图 4-4

从例 2 和例 3 可以看出, 函数单调增减区间的分界点是导数为零的点或导数不存在的点. 一般地, 如果函数 $f(x)$ 在定义域区间 I 上连续, 除去有限个导数不存在的点外导数都存在, 那么求 $y = f(x)$ 单调区间的步骤如下:

(1) 求 $f'(x)$;

(2) 求出使 $f'(x) = 0$ 及 $f'(x)$ 不存在的点, 并按由大到小的顺序排列出来;

(3) 用这些点插入定义区间 I 将其分为若干个子区间;

(4) 判断时只要用 $f'(x) = 0$ 的点及各子区间上 $f'(x)$ 的符号确定其单调性.

例 4　确定函数 $f(x) = (x-2)^2 (x+1)^{\frac{2}{3}}$ 的单调区间.

解　函数的定义域为 $(-\infty, +\infty)$.

令 $f'(x) = [(x-2)(x+1)^{\frac{2}{3}}]' = \dfrac{2(x-2)(4x+1)}{3(x+1)^{\frac{1}{3}}} = 0$, 得驻点

$x = 2, -\dfrac{1}{4}$;

$f'(x)$ 不存在的点为 $x = -1$. 它们将函数的定义域 $(-\infty, +\infty)$ 分为四个部分区间, 其讨论结果列表如下:

x	$(-\infty, -1)$	-1	$\left(-1, -\dfrac{1}{4}\right)$	$-\dfrac{1}{4}$	$\left(-\dfrac{1}{4}, 2\right)$	2	$(2, +\infty)$
$f'(x)$	$-$	不存在	$+$	0	$-$	0	$+$
$f(x)$	↘	0	↗	-3	↘	0	↗

由上表可知, $f(x)$ 的单调增加区间为 $\left[-1, -\dfrac{1}{4}\right]$, $[2, +\infty)$, 单调减少区间为 $(-\infty, -1]$, $\left[-\dfrac{1}{4}, 2\right]$.

注　(1) 单调区间的分界点即为函数单调性相反的区间的分界点, 产生于函数的驻点以及导数不存在的点;

(2) 若 $f'(x)$ 在任一有限区间上只有有限个零点, 除此之外

$f'(x)$ 保持相同的符号,则函数 $f(x)$ 仍然是单调的. 如 $f(x) = x - \cos x$,定义域为 $(-\infty, +\infty)$;$f'(x) = 1 + \sin x$;驻点为 $x = (2k+1)\pi$,$k = 0, \pm 1, \pm 2, \cdots$;但在任意有限区间上,这样的驻点只有有限个,而当 $x \neq (2k+1)\pi$ 时,均有 $f'(x) > 0$,故函数 $f(x) = x - \cos x$ 在区间 $(-\infty, +\infty)$ 内单调增加.

利用函数的单调性可以证明一些不等式. 例如,要证 $f(x) > 0$ 在 (a, b) 上成立,只要证明在 $[a, b]$ 上 $f(x)$ 严格单调增加(减少)且 $f(a) \geqslant 0 [f(b) \geqslant 0]$ 即可.

例 5 证明:当 $x > 0$ 时,有 $\ln(1+x) > \dfrac{\arctan x}{1+x}$ 成立.

证 令 $f(x) = (1+x)\ln(1+x) - \arctan x$,则 $f(x)$ 在 $[0, +\infty)$ 上连续.

当 $x > 0$ 时,$f'(x) = \ln(1+x) + 1 - \dfrac{1}{1+x^2} = \ln(1+x) + \dfrac{x^2}{1+x^2} > 0$.

因此 $f(x)$ 在 $[0, +\infty)$ 上单调增加,故当 $x > 0$ 时,$f(x) > f(0) = 0$. 所以当 $x > 0$ 时,有 $f(x) > 0$,即

$$\ln(1+x) > \frac{\arctan x}{1+x}.$$

二、函数的极值

函数的极值是一个局部性概念,它是函数性态的一个重要特征,其确切定义如下:

定义 1 设 $f(x)$ 在 x_0 的某邻域 $\mathring{U}(x_0)$ 内有定义. 若对任意 $x \in \mathring{U}(x_0)$,有 $f(x) < f(x_0) [f(x) > f(x_0)]$,则称 $f(x)$ 在点 x_0 处取得极大值(极小值)$f(x_0)$,称 x_0 为极大值点(极小值点).

极大值和极小值统称为极值,极大值点和极小值点统称为极值点. 由定义可知,极值是在一点的邻域内比较函数值的大小而产生的. 因此对于一个定义在 I 内的函数,极值往往可能有很多个,且某一点取得的极大值可能会比另一点取得的极小值还要小.

定理 2(极值的必要条件) 设函数 $f(x)$ 在 x_0 处可导,且在 x_0 处取得极值,则必有 $f'(x_0) = 0$.

证 不妨设 $f(x_0)$ 为极大值,则由定义,存在 $U(x_0) \subset I$,使得对任意 $x \in \mathring{U}(x_0)$ 都有 $f(x) < f(x_0)$. 从而当 $x < x_0$ 时,有 $\dfrac{f(x) - f(x_0)}{x - x_0} > 0$.

故 $\qquad f'_-(x_0) = \lim\limits_{x \to x_0^-} \dfrac{f(x) - f(x_0)}{x - x_0} \geqslant 0$;

又当 $x > x_0$ 时,有 $\qquad \dfrac{f(x) - f(x_0)}{x - x_0} < 0$,

故 $$f'_+(x_0) = \lim_{x \to x_0^+} \frac{f(x) - f(x_0)}{x - x_0} \le 0.$$

又 $f(x)$ 在 x_0 处可导,所以 $f'_+(x_0) = f'_-(x_0)$,从而 $f'(x_0) = 0$.
同理可证极小值的情形.

通常称 $f'(x) = 0$ 的点为函数 $f(x)$ 的驻点. 定理 2 告诉我们:可导函数的极值点必为驻点. 但其逆命题驻点未必是极值点. 例如,$x = 0$ 是 $f(x) = x^3$ 的驻点,但不是 $f(x)$ 的极值点. 又如 $y = |x|$ 在 $x = 0$ 处取极小值,而函数在 $x = 0$ 处不可导. 这表示极值点也可能是导数不存在点,因此,对于连续函数来说,驻点和导数不存在的点均有可能成为极值点. 那么,如何判别它们是否确为极值点呢? 我们有以下的判别准则:

定理 3(极值的第一充分条件) 设函数 $f(x)$ 在 x_0 的某个邻域 $U(x_0)$ 内可导,且 $f'(x) = 0$,则对任意 $x \in U(x_0)$,

(1) 若对任意 $x \in (x_0 - \delta, x_0)$,$f'(x) > 0$;对任意 $x \in (x_0, x_0 + \delta)$,$f'(x) < 0$,则 $f(x)$ 在 x_0 处取得极大值;

(2) 若对任意 $x \in (x_0 - \delta, x_0)$,$f'(x) < 0$;对任意 $x \in (x_0, x_0 + \delta)$,$f'(x) > 0$,则 $f(x)$ 在 x_0 处取得极小值;

(3) 若 $f'(x)$ 在 $x \in (x_0 - \delta, x_0 + \delta)$ 内保持符号不变,则 $f(x)$ 在 x_0 处不会取得极值.

证 只证(1). 当 $x \in (x_0 - \delta, x_0)$ 时,有 $f'(x) > 0$,则 $f(x)$ 在 $(x_0 - \delta, x_0)$ 单调增加,所以 $f(x) < f(x_0)$,$x \in (x_0 - \delta, x_0)$. 当 $x \in (x_0, x_0 + \delta)$ 时,有 $f'(x) < 0$,则 $f(x)$ 在 $(x_0, x_0 + \delta)$ 单调减少,所以 $f(x) < f(x_0)$,$x \in (x_0, x_0 + \delta)$. 即 $x \in (x_0 - \delta, x_0 + \delta)$,且 $x \ne x_0$,则恒有 $f(x) < f(x_0)$,从而 $f(x)$ 在 x_0 处取极大值.

例 6 求函数 $f(x) = (x-1)\sqrt[3]{x^2}$ 的极值.

解 $f(x)$ 的定义域为 $(-\infty, +\infty)$.

$$f'(x) = \sqrt[3]{x^2} + \frac{2}{3}(x-1)\frac{1}{\sqrt[3]{x}} = \frac{5x-2}{3\sqrt[3]{x}}.$$

可见,在 $x_1 = 0$ 处导数不存在,在 $x_2 = \frac{2}{5}$ 处导数为零,将这两个点插入定义域 $(-\infty, +\infty)$,列表:

x	$(-\infty, 0)$	0	$\left(0, \frac{2}{5}\right)$	$\frac{2}{5}$	$\left(\frac{2}{5}, +\infty\right)$
$f'(x)$	$+$	不存在	$-$	0	$+$
$f(x)$	↗	0	↘	$-\frac{3}{5}\left(\frac{4}{25}\right)^{\frac{1}{3}}$	↗

由上表可得,函数在 $x = 0$ 处取得极大值 $f(0) = 0$,在 $x = \frac{2}{5}$ 处取

得极小值

$$f\left(\frac{2}{5}\right) = -\frac{3}{5}\left(\frac{4}{25}\right)^{\frac{1}{3}}.$$

综上可得,求在连续区间内除个别点外处处可导函数 $f(x)$ 极值的步骤:

(1) 求 $f'(x)=0$ 及 $f'(x)$ 不存在的点;

(2) 考察这些点的左、右两侧 $f'(x)$ 的符号,以确定该点是否为极值点;如果是极值点,进一步确定是极大值点还是极小值点;

(3) 求出各极值点的函数值,就可得函数 $f(x)$ 的全部极值.

当函数 $f(x)$ 在驻点的二阶导数存在时,应用下面的判定法则更为简便.

定理 4(极值的第二充分条件) 设函数 $f(x)$ 在 x_0 具有二阶导数且 $f'(x_0)=0$,$f''(x_0) \neq 0$,则

(1) 当 $f''(x_0)<0$ 时,函数 $f(x)$ 在 x_0 处取得极大值;

(2) 当 $f''(x_0)>0$ 时,函数 $f(x)$ 在 x_0 处取得极小值.

证 (1) 因为 $f'(x_0)=0$,$f''(x_0)<0$,根据二阶导数的定义

$$f''(x_0) = \lim_{x \to x_0}\frac{f'(x)-f'(x_0)}{x-x_0} = \lim_{x \to x_0}\frac{f'(x)}{x-x_0} < 0,$$

因为 $\lim\limits_{x \to x_0}\dfrac{f'(x)}{x-x_0}<0$,由极限的性质可知,存在 x_0 的某 δ 去心邻域,使得在该去心邻域内

$$\frac{f'(x)}{x-x_0} < 0, x \neq x_0,$$

所以当 $x<x_0$ 时,$f'(x)>0$;当 $x>x_0$ 时,$f'(x)<0$. 即当 $x \in (x_0-\delta,x_0)$ 时,$f'(x)>0$;当 $x \in (x_0,x_0+\delta)$ 时,$f'(x)<0$,由定理 3 知,$f(x)$ 在 x_0 取得极大值 $f(x_0)$.

同理可证(2).

例 7 求 $f(x)=x^3-3x^2-9x+5$ 的极值.

解 $f'(x)=3x^2-6x-9$,$f''(x)=6x-6$.

令 $f'(x)=0$,得 $x_1=-1$,$x_2=3$. 而 $f''(-1)=-12<0$,$f''(3)=12>0$,所以 $f(x)$ 的极大值为 $f(-1)=10$,$f(x)$ 的极小值为 $f(3)=-22$.

如果在驻点 x_0 处 $f''(x_0)=0$,那么利用定理 4 不能判别 $f(x)$ 在 x_0 处是否取极值. 例如 $f(x)=x^3$,不仅 $f'(0)=0$,而且 $f''(0)=0$,但在 0 处不取极值. 此时我们可运用定理 3 来判别.

三、 函数的最大值和最小值

函数的极值是函数在局部的最大值和最小值,下面我们将讨论函数在定义域或者指定范围内的最大值和最小值.

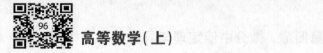

前面在介绍连续函数在闭区间上的性质时有这个结论:当函数 $f(x)$ 在闭区间 $[a,b]$ 上连续时,则函数 $f(x)$ 在闭区间 $[a,b]$ 上必能取到最大值和最小值.

那么下面给出连续函数在闭区间上求最大值和最小值的方法:

(1) 确定函数 $f(x)$ 的连续闭区间 $[a,b]$;

(2) 求区间 $[a,b]$ 内使得 $f'(x) = 0$ 的点以及 $f'(x)$ 不存在的点;

(3) 计算以上各点的函数值以及闭区间两端点处的函数值,比较各值的大小,其中最大(小)的值为函数在闭区间上的最大(小)值.

例 8　求 $f(x) = 2x^3 + 3x^2 - 12x$ 在区间 $[-3,4]$ 上的最值.

解　由于函数 $f(x) = 2x^3 + 3x^2 - 12x$ 在区间 $[-3,4]$ 上连续,故在该区间上存在最值.

令 $f'(x) = 6x^2 + 6x - 12 = 6(x+2)(x-1) = 0$,得驻点 $x_1 = -2$,$x_2 = 1$,无导数不存在的点,计算驻点及区间端点的函数值:$f(-2) = 20$, $f(1) = -7$, $f(-3) = 9$, $f(4) = 128$,比较大小可得函数 $f(x)$ 的最大值为 $f(4) = 128$,最小值为 $f(1) = -7$.

注　极值是一个局部概念,最值是一个整体的概念.虽然极值未必是最值,但是在解决求最值的实际应用问题时,如果连续函数在区间内的极值是唯一的,那么该唯一的极值必为函数的最值.

例 9　一边长为 a 的正方形薄片,从四角各截去一个相同大小的方块,然后折成一个无盖的方盒子,问截取的小正方形的边长等于多少时,方盒子的容量最大.

解　设截取的小正方形的边长为 x,则方盒子的容量为

$$V(x) = x(a - 2x)^2, 0 < x < \frac{a}{2}.$$

令 $V'(x) = (a - 2x)^2 - 4x(a - 2x) = (a - 2x)(a - 6x) = 0$,得唯一驻点 $x = \frac{a}{6}$.

又 $V''(x) = 24x - 8a$,$V''\left(\frac{a}{6}\right) = -4a < 0$,由第二充分条件,$x = \frac{a}{6}$ 为该函数在区间 $\left(0, \frac{a}{2}\right)$ 内唯一的极大值点,从而是最大值点.

第五节　曲线的凹凸性、拐点与图形描绘

一、曲线的凹凸性及拐点

考虑两个函数 $f(x) = x^2$ 和 $g(x) = \sqrt{x}$,它们在 $(0, +\infty)$ 上都是单调的,但它们的增长方式不同,从图 4-5 上来说,两条曲线弯曲的方

向不同，$f(x) = x^2$ 的图形是(向上)凹的，而 $g(x) = \sqrt{x}$ 的图形则是(向上)凸的. 这种性质就是曲线的凹凸性.

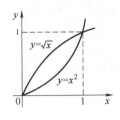

图 4-5

定义 1 设函数 $f(x)$ 在区间 I 上有定义，若对 I 上任意两点 x_1、x_2 和任意实数 $\lambda \in (0,1)$，恒有

$$f(\lambda x_1 + (1 - \lambda)x_2) \leqslant \lambda f(x_1) + (1 - \lambda)f(x_2),$$

则称 $f(x)$ 在 I 上的图形(见图 4-6a)是(向上)凹的(或凹弧)，且 I 称为曲线 $f(x)$ 的凹区间. 反之，若恒有

$$f(\lambda x_1 + (1 - \lambda)x_2) \geqslant \lambda f(x_1) + (1 - \lambda)f(x_2),$$

则称 $f(x)$ 在 I 上的图形(见图 4-6b)是(向上)凸的(或凸弧)，且 I 称为曲线 $f(x)$ 的凸区间.

可以证明，下面的定义与定义 1 是等价的.

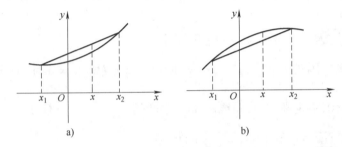

a)　　　　　　b)

图 4-6

定义 2 设函数 $f(x)$ 在区间 I 上有定义，如果对 I 上任取两点 x_1、x_2 恒有

$$f\left(\frac{x_1 + x_2}{2}\right) \leqslant \frac{f(x_1) + f(x_2)}{2},$$

那么称 $f(x)$ 在 I 上的图形是(向上)凹的(或凹弧)，且 I 称为曲线 $f(x)$ 的凹区间；如果恒有

$$f\left(\frac{x_1 + x_2}{2}\right) \geqslant \frac{f(x_1) + f(x_2)}{2},$$

则称 $f(x)$ 在 I 上的图形是(向上)凸的(或凸弧)，且 I 称为曲线 $f(x)$ 的凸区间.

从几何角度看，凹弧的任意点的切线总在曲线的下方，凸弧任意点的切线总在曲线的上方，对于 x 轴上两点 x_1、x_2 $(x_1 < x_2)$，凹弧对应点上切线的斜率在增加(见图 4-7a)，而凸弧对应点上切线的斜率则在减小(见图 4-7b)，反映这一几何事实的是如下定理：

定理 1 设函数 $f(x)$ 在区间 I 上可导，则 $f(x)$ 在区间 I 上凹(凸)的充分必要条件是导函数 $f'(x)$ 在区间 I 上单调增加(减少).

由第四节定理 1 及本节定理 1 有如下定理：

定理 2 设函数 $f(x)$ 在 $[a,b]$ 上连续，在 (a,b) 内具有二阶导数，那么

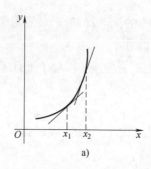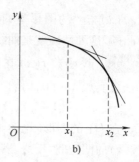

图 4-7

（1）若在(a,b)内有$f''(x)>0$，则$f(x)$在$[a,b]$上的图形是凹的；

（2）若在(a,b)内有$f''(x)<0$，则$f(x)$在$[a,b]$上的图形是凸的.

上面定理仅就闭区间的情形来描述，若不是闭区间时，则结论仍然是成立的.

例 1 判别曲线$y=\ln x$的凹凸性.

解 因为$y'=\dfrac{1}{x},y''=-\dfrac{1}{x^2}$，所以当$x\in(0,+\infty)$时，有$y''=-\dfrac{1}{x^2}<0$，由定理 1 知，曲线$y=\ln x$是凸的.

例 2 判定曲线$y=x^3$的凹凸性.

解 由$y'=3x^2,y''=6x$知，当$x\in(0,+\infty)$时，$y''>0$；当$x\in(-\infty,0)$时，$y''<0$. 因此曲线$y=x^3$在区间$[0,+\infty)$上是凹的，在$(-\infty,0]$上是凸的.

定义 3 设函数$y=f(x)$在区间I上连续，x_0是I内的点. 如果曲线$y=f(x)$在点$(x_0,f(x_0))$左、右两侧凹凸性相反，则称点$(x_0,f(x_0))$为该曲线的拐点.

由于函数的凹凸性可由其二阶导数的符号来判断，故对于二阶可导函数$y=f(x)$来说，先求出方程$f''(x)=0$的根，再判别$f''(x)$在这些点左、右两侧的符号是否改变，便可求出拐点.

例 3 求曲线$y=3x^4-4x^3+1$的凹凸区间，并求其拐点.

解 $y'=12x^3-12x^2,y''=36x^2-24x$. 令$y''=0$，得$x_1=0,x_2=\dfrac{2}{3}$，这两个点将定义域$(-\infty,+\infty)$分成三个部分区间.

列表考察各部分区间上二阶导数的符号，确定出函数的凸性与曲线的拐点（"$\cup$"表示上凹的，"$\cap$"表示上凸的）：

x	$(-\infty,0)$	0	$\left(0,\dfrac{2}{3}\right)$	$\dfrac{2}{3}$	$\left(\dfrac{2}{3},+\infty\right)$
y''	$+$	0	$-$	0	$+$
y	$\cup$	拐点	$\cap$	拐点	$\cup$

可见，$(-\infty,0)$ 及 $\left(\dfrac{2}{3},+\infty\right)$ 为曲线的凹区间，$\left(0,\dfrac{2}{3}\right)$ 为曲线的凸区间，$(0,1)$ 及 $\left(\dfrac{2}{3},\dfrac{11}{27}\right)$ 为曲线的拐点.

值得注意的是，如果 $f''(x)$ 在 x_0 处不存在，点 $(x_0,f(x_0))$ 也可能是曲线 $y=f(x)$ 的拐点.

例 4 求曲线 $y=\sqrt[3]{x}$ 的凹凸区间，并求其拐点.

解 函数的定义域为 $(-\infty,+\infty)$.

当 $x\neq 0$ 时，$y'=\dfrac{1}{3\sqrt[3]{x^2}}$，$y''=-\dfrac{2}{9x\sqrt[3]{x^2}}$.

当 $x=0$ 时，y' 和 y'' 都不存在.

当 $x<0$ 时，$y''>0$，故曲线在 $(-\infty,0)$ 内为上凹的；当 $x>0$ 时，$y''<0$，故曲线在 $(0,+\infty)$ 内为上凸的.

又函数 $y=\sqrt[3]{x}$ 在 $x=0$ 处连续，故 $(0,0)$ 是曲线的拐点.

由上面的讨论知，求曲线的拐点应该从使 $f''(x)=0$ 的点及 $f''(x)$ 不存在的点中找，如果 $f''(x)$ 在这些点的左、右两侧改变符号，则点 $(x_0,f(x_0))$ 就是曲线 $y=f(x)$ 的拐点，否则就不是曲线的拐点.

求曲线 $f(x)$ 的凹凸区间及拐点的一般方法如下：

（1）求 $f''(x)$；

（2）求使 $f''(x)=0$ 的点及使 $f''(x)$ 不存在的点，用这些点将其定义区间分成若干个子区间；

（3）讨论各子区间上 $f''(x)$ 的符号，根据其符号来判定 $f(x)$ 在各子区间上的凹凸性，并求出相应的拐点.

二、 曲线的渐近线

当一动点 P 沿着曲线 $y=f(x)$ 离坐标原点无限远移时，点 P 与某一条直线 l 的距离趋近于零，则称直线 l 为曲线 $y=f(x)$ 的一条渐近线. 我们已经对渐近线有了初步的了解，下面我们对曲线的渐近线做进一步的讨论.

1. 水平渐近线

定义 4 设函数 $y=f(x)$ 的定义域为无限区间，如果 $\lim\limits_{x\to+\infty}f(x)=A$ 或 $\lim\limits_{x\to-\infty}f(x)=A$（$A$ 为常数），则称直线 $y=A$ 为曲线 $y=f(x)$ 的水平渐近线.

例 5 求曲线 $y=\arctan x$ 的水平渐近线.

解 因为 $\lim\limits_{x\to+\infty}\arctan x=\dfrac{\pi}{2}$，$\lim\limits_{x\to-\infty}\arctan x=-\dfrac{\pi}{2}$，所以曲线 $y=\arctan x$ 有水平渐近线 $y=\dfrac{\pi}{2}$ 和 $y=-\dfrac{\pi}{2}$（见图 4-8）.

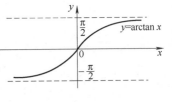

图 4-8

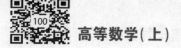

2. 垂直渐近线

定义 5 设函数 $y = f(x)$ 在点 x_0 处间断,如果 $\lim\limits_{x \to x_0^-} f(x) = \infty$ 或 $\lim\limits_{x \to x_0^+} f(x) = \infty$,则称直线 $x = x_0$ 为曲线 $y = f(x)$ 的铅直(垂直)渐近线.

例 6 求曲线 $y = \dfrac{1}{x^2 - 1}$ 的垂直渐近线.

解 因为 $y = \dfrac{1}{x^2 - 1} = \dfrac{1}{(x-1)(x+1)}$ 有两个间断点 $x = 1$ 和 $x = -1$,而

$$\lim_{x \to 1} y = \lim_{x \to 1} \frac{1}{(x-1)(x+1)} = \infty ,$$

$$\lim_{x \to -1} y = \lim_{x \to -1} \frac{1}{(x-1)(x+1)} = \infty ,$$

所以曲线有垂直渐近线 $x = 1$ 和 $x = -1$.

3. 斜渐近线

定义 6 如果 $\lim\limits_{x \to +\infty} \dfrac{f(x)}{x} = k$ (或 $\lim\limits_{x \to -\infty} \dfrac{f(x)}{x} = k$),并且 $\lim\limits_{x \to +\infty} [f(x) - kx] = b$ (或 $\lim\limits_{x \to -\infty} [f(x) - kx] = b$),则称直线 $y = kx + b$ 为曲线 $y = f(x)$ 的一条斜渐近线.

例 7 求曲线 $f(x) = \dfrac{x^3}{x^2 + 2x - 3}$ 的渐近线.

解 显然 $x \to 1$ 和 $x \to -3$ 时,有 $f(x) \to \infty$,故 $x = 1$ 和 $x = -3$ 为曲线的垂直渐近线,但无水平渐近线.

因为 $\lim\limits_{x \to \infty} \dfrac{f(x)}{x} = \lim\limits_{x \to \infty} \dfrac{x^2}{x^2 + 2x - 3} = 1$,所以 $k = 1$,又

$$\lim_{x \to \infty} [f(x) - kx] = \lim_{x \to \infty} \left(\frac{-2x^2 + 3x}{x^2 + 2x - 3} \right) = -2 ,$$

所以 $b = -2$,故 $y = x - 2$ 为曲线的斜渐近线.

三、 函数图形的描绘

函数图形是函数的直观表示,它可以使函数的各种性态一目了然,对研究函数是有帮助的.中学里所学习的描点法是作函数图形的基本方法,但是其只适用于对一些简单图形的描绘.而对于过于复杂的函数图形,描点法作图不但工作量大,而且其准确性也比较差.现在我们借助于函数的一阶、二阶导数来讨论函数的单调性、极值、凹凸性及曲线的拐点等,利用函数的这些性态,就可以比较准确地描绘函数的图形,现将描绘图形的一般步骤概括如下:

(1)确定函数 $f(x)$ 的定义域,讨论函数的奇偶性、周期性等特性;

(2)求使 $f'(x) = 0$, $f''(x) = 0$ 的点及使 $f'(x)$ 和 $f''(x)$ 不存在的

点,用这些点将函数的定义域分成若干个子区间;

(3)列表确定函数的单调区间、极值及曲线的凸凹区间和拐点;

(4)求曲线的渐近线;

(5)求出使 $f'(x)=0$, $f''(x)=0$ 的点及使 $f'(x)$ 和 $f''(x)$ 不存在的点所对应的函数值,定出图形上的相应点(有时需添加一些辅助点以便把曲线描绘得更精确).

(6)作图.

例 8 描绘 $f(x)=\dfrac{1}{\sqrt{2\pi}}e^{-\frac{x^2}{2}}$ 的图形.

解 (1)函数的定义域为 $(-\infty,+\infty)$,且 $f(x)$ 在 $(-\infty,+\infty)$ 上连续.

显然 $f(x)$ 为偶函数,因此它关于 y 轴对称,可以只讨论该函数在 $(0,+\infty)$ 上的图形.又对任意 $x\in(-\infty,+\infty)$ 有 $f(x)>0$,所以 $y=f(x)$ 的图形位于 x 轴的上方.

(2) $f'(x)=-\dfrac{x}{\sqrt{2\pi}}e^{-\frac{x^2}{2}}$, $f''(x)=\dfrac{1}{\sqrt{2\pi}}e^{-\frac{x^2}{2}}(x^2-1)$.

令 $f'(x)=0$,得 $x=0$;令 $f''(x)=0$,得 $x=\pm 1$.

(3)列表如下:

x	0	(0,1)	1	$(1,+\infty)$
$f'(x)$	0	−	−	−
$f''(x)$	$-\dfrac{1}{\sqrt{2\pi}}$	−	0	+
$f(x)$	极大值	↘	拐点	↘

(4)因 $\lim\limits_{x\to+\infty}\dfrac{1}{\sqrt{2\pi}}e^{-\frac{x^2}{2}}=0$,故有水平渐近线 $y=0$.

(5) $f(0)=\dfrac{1}{\sqrt{2\pi}}$, $f(1)=\dfrac{1}{\sqrt{2\pi e}}$, $f(2)=\dfrac{1}{\sqrt{2\pi e^2}}$,取辅助点 $\left(0,\dfrac{1}{\sqrt{2\pi}}\right)$, $\left(1,\dfrac{1}{\sqrt{2\pi e}}\right)$, $\left(2,\dfrac{1}{\sqrt{2\pi e^2}}\right)$,画出函数在 $[0,+\infty)$ 上的图形,再利用对称性便得到函数在 $(-\infty,0]$ 上的图形(见图 4-9).

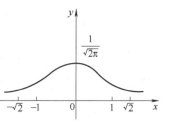

图 4-9

例 9 中的函数是概率论与数理统计中用到的标准正态分布的密度函数.

注 表中记号"↘"表示下降上凸曲线;"↘"表示下降上凹曲线;"↗"表示上升上凹曲线;"↑"表示上升上凸曲线.

第六节 微分法在经济问题中的应用

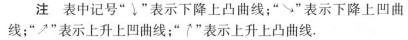

在许多实际问题中,经常提出诸如投入最少、产出最多、成本最

低、利润最高等问题,这类问题在数学上常归结为求一个函数(称为目标函数)的最大值或最小值问题.下面举例说明微分法在经济学中的应用问题.

一、边际与边际分析

由上一章我们知道,若函数 $y=f(x)$ 可导,导函数 $f'(x)$ 称为函数 $y=f(x)$ 的变化率,经济学中导函数也称为边际函数,$f'(x_0)$ 称为 $f(x)$ 在点 x_0 处的边际函数值,它表示 $f(x)$ 在点 x_0 处的变化率.

在点 x_0 处,当 x 改变一个单位,即 $|\Delta x|=1$(增加或减少一个单位)时,函数相应的改变量 $\Delta y\Big|_{\substack{x=x_0\\\Delta x=1}} \approx \mathrm{d}y\Big|_{\substack{x=x_0\\\Delta x=1}} = f'(x)\Delta x\Big|_{\substack{x=x_0\\\Delta x=1}} = f'(x_0)$,因此函数 $y=f(x)$ 在 x_0 的边际函数值 $f'(x_0)$ 表示 $y=f(x)$ 在 x_0 处,当 x 改变一个单位时(增加或减少),函数 y 近似地改变了边际 $f'(x_0)$ 个单位.

于是,在经济学中有如下定义:

定义1 设函数 $y=f(x)$ 可导,则称导函数 $f'(x)$ 为 $f(x)$ 的边际函数,称 $f'(x_0)$ 为 $f(x)$ 在点 x_0 处的边际函数值,简称边际.

1. 成本、边际成本

某产品的总成本是指生产一定数量的产品所需要全部经济资源的投入费用的总额,一般由固定成本和可变成本两部分组成.

平均成本是指生产一定数量产品时,平均每单位产品的成本.

边际成本即总成本的变化率.

设 $C(Q)$ 为总成本,C_0 为固定成本,$C_1(Q)$ 为可变成本,$\overline{C(Q)}$ 为平均成本,$C'(Q)$ 称为边际成本,Q 为产量,则有

总成本函数 $C(Q)=C_0+C_1(Q)$,

平均成本函数 $\overline{C(Q)}=\dfrac{C(Q)}{Q}$,

边际成本有时用 MC 表示,即 $MC=C'(Q)$.

例1 一企业生产某产品的日生产能力为 500 台,每日耗费的总成本 C(单位:千元)是日产量 Q(单位:台)的函数:$C=C(Q)=400+2Q+5\sqrt{Q},Q\in[0,500]$.

求:(1) 当产量为 400 台时的总成本;

(2) 当产量为 400 台时的平均成本;

(3) 当产量从 400 台增加到 484 台时总成本的平均变化率;

(4) 当产量为 400 台时的边际成本.

解 (1) 当产量为 400 台时的总成本为

$$C=C(400)=400+2\times400+5\times\sqrt{400}=1300(千元).$$

(2) 当产量为 400 台时的平均成本为

$$\overline{C} = \overline{C(400)} = \frac{C(400)}{400} = \frac{1300}{400} = 3.25(\text{千元}/\text{台}).$$

（3）当产量从 400 台增加到 484 时总成本的平均变化率为

$$\frac{\Delta C}{\Delta x} = \frac{C(484) - C(400)}{484 - 400} = \frac{1478 - 1300}{84} \approx 2.119(\text{千元}/\text{台}).$$

（4）总成本函数的边际成本函数为

$$C'(Q) = 2 + \frac{5}{2\sqrt{Q}}.$$

当产量为 400 台时的边际成本为

$$C'(400) = 2 + \frac{5}{2\sqrt{400}} = 2.125(\text{千元}/\text{台}).$$

2. 收益、边际收益

总收益是指出售一定数量产品所得到的全部收益.

平均收益是指出售一定数量产品时,平均每出售单位产品所得到的收益,即为单位商品的售价.

边际收益即总收益的变化率.

设 $R(Q)$ 为总收益,$\overline{R(Q)}$ 为平均成本,$R'(Q)$ 称为边际成本,p 表示商品价格,Q 表示销售量,则总收益函数 $R(Q) = p \cdot Q$,平均收益函数 $\overline{R(Q)} = \frac{R(Q)}{Q}$,边际收益有时用 MR 表示,即 $MR = R'(Q)$.

例 2　设某产品的价格 p 与销售量 Q 的函数关系为 $Q = 60 - 3p$.求销售量为 30 个单位时的总收益、平均收益与边际收益.

解　总收益函数为

$$R(Q) = p \cdot Q = \frac{60 - Q}{3} \cdot Q = 20Q - \frac{Q^2}{3},$$

则

$$R(30) = \left(20 - \frac{30}{3}\right) \times 30 = 300.$$

平均收益为

$$\overline{R(30)} = \frac{R(Q)}{Q}\bigg|_{Q=30} = \frac{300}{30} = 10.$$

边际收益为

$$R'(Q)\bigg|_{x=30} = 20 - \frac{2}{3}Q\bigg|_{Q=30} = 0.$$

3. 利润、边际利润

设 $L(Q)$ 为总利润函数,则总利润函数为总收益与总成本之差,即 $L(Q) = R(Q) - C(Q)$.总利润函数的导数 $L'(Q)$ 称为边际利润,且 $L'(Q) = R'(Q) - C'(Q)$,即边际利润为边际收益与边际成本之差.

例 3　某企业生产某种产品,每天的总利润 L(单位:元)与产量 Q(单位:t)的函数关系为 $L(Q) = 160Q - 4Q^2$,求当每天生产量为 10t、20t、25t 时的边际利润,并解释所得结果的经济意义.

解　边际利润为　$L'(Q) = 160 - 8Q,$

于是　　　　　$L'(10) = 80, L'(20) = 0, L'(25) = -40.$

这表示在每天生产 10t 的基础上再增加 1t 时,总利润将增加 80 元;在每天生产 20t 的基础上再增加 1t 时,总利润没有增加;在每天生产 25t 的基础上再增加 1t 时,总利润将减少 40 元.

此例说明,并非产量越多利润就越高.当供大于求时,总利润反而要下降.由 $L'(20) = 0, L'(25) = -40 < 0$ 可知,当每天生产 20t 时,利润达到最大值.

二、　弹性与弹性分析

1. 函数的弹性

对于函数 $y = f(x)$, Δx 和 Δy 分别称为自变量的绝对改变量和函数的绝对改变量,而 $f'(x)$ 称为函数 $y = f(x)$ 的绝对变化率. 但在实际中,仅仅研究函数的绝对改变量与绝对变化率是远远不够的. 例如,单价为 5 元的商品甲涨价 1 元,单价为 1000 元的商品乙也涨价 1 元,虽然两种商品单价的绝对改变量相同,但是它们各自与其原价相比涨价的幅度却不一样,商品甲的涨幅为 $\frac{1}{5} = 20\%$,商品乙的涨幅为 $\frac{1}{1000} = 0.1\%$,为此,我们引进相对变化率的概念.

定义 2　设函数 $y = f(x)$ 在点 x_0 处可导,函数的相对改变量

$\dfrac{\Delta y}{y_0} = \dfrac{f(x_0 + \Delta x) - f(x_0)}{f(x_0)}$ 与自变量的相对改变量 $\dfrac{\Delta x}{x_0}$ 之比即 $\dfrac{\frac{\Delta y}{y_0}}{\frac{\Delta x}{x_0}}$ 称为函数 $f(x)$ 从 x_0 到 $x_0 + \Delta x$ 两点之间的平均相对变化率,或称为两点间的弹性.

当 $\Delta x \to 0$ 时,因 $f(x)$ 在 x_0 可导,且 $\dfrac{\frac{\Delta y}{y_0}}{\frac{\Delta x}{x_0}} = \dfrac{x_0}{y_0} \cdot \dfrac{\Delta y}{\Delta x}$ 的极限存在,称此极限为函数 $f(x)$ 在点 x_0 处的相对变化率,或称点弹性,记作 $\left. \dfrac{Ey}{Ex} \right|_{x = x_0}$ 或 $\dfrac{E}{Ex} f(x_0)$,即

$$\left. \frac{Ey}{Ex} \right|_{x = x_0} = \lim_{\Delta x \to 0} \frac{\frac{\Delta y}{y_0}}{\frac{\Delta x}{x_0}} = \lim_{\Delta x \to 0} \frac{\Delta y}{\Delta x} \cdot \frac{x_0}{y_0} = f'(x_0) \cdot \frac{x_0}{f(x_0)}.$$

对一般的 x,若 $f(x)$ 可导,则 $\dfrac{Ey}{Ex} = \lim\limits_{\Delta x \to 0} \dfrac{\frac{\Delta y}{y}}{\frac{\Delta x}{x}} = \lim\limits_{\Delta x \to 0} \dfrac{\Delta y}{\Delta x} \cdot \dfrac{x}{y} = y' \cdot \dfrac{x}{y}$

称为函数 $y=f(x)$ 的弹性函数，也可记为 $\dfrac{E}{Ex}f(x)$.

函数 $y=f(x)$ 在点 x 处的弹性 $\dfrac{Ey}{Ex}$ 反映随着自变量 x 的变化，函数 $f(x)$ 变化幅度的大小，即 $f(x)$ 对 x 变化反应的强烈程度或灵敏度.

$\dfrac{Ey}{Ex}\Big|_{x=x_0}$ 反映了当 x 在 x_0 处产生 1% 的改变时，函数 $y=f(x)$ 近似地改变 $\dfrac{E}{Ex}f(x_0)\%$. 在应用问题中解释弹性的具体意义时，常常略去"近似"二字.

值得说明的是，弹性的数值前的符号，表示自变量与函数变化的方向是否一致. 例如，市场需求量对收益水平的弹性一般是正的，表示市场需求量与收益水平变化方向一致；而市场需求量对收益水平的弹性一般是负的，表示市场需求量与收益水平变化方向相反.

2. 需求弹性

定义 3　设某商品的市场需求量为 Q，价格为 p，需求函数 $Q=Q(p)$ 可导，则 $\dfrac{EQ}{Ep}=\left|\dfrac{p}{Q(p)}\cdot Q'(p)\right|$ 称为该商品的需求价格弹性，简称需求弹性，记为 $\eta(p)$.

由于在通常情况下，价格上升（下降）时，需求一般总是减少（增加），因此需求弹性为 $\eta(p)=\dfrac{EQ}{Ep}=\dfrac{-p}{Q(p)}\cdot Q'(p)$，需求弹性 $\eta(p)$ 表示某商品的需求量 Q 对价格 p 变动反应的强弱程度.

当 $\eta(p)<1$ 时，表示需求变动的幅度小于价格变动的幅度，这时商品价格的变动对需求的影响不大，称为低弹性；当 $\eta(p)>1$ 时，称为高弹性.

在商品经济中，商品经营者关心的是：提价（$\Delta p>0$）或降价（$\Delta p<0$）对销售总收益的影响. 利用需求弹性的概念，可以得出价格变动如何影响销售收益的结论. 下面用需求弹性分析价格变动时引起收益（或市场销售总额）的变化规律.

收益函数 R 是商品价格 p 与需求量 Q 的乘积，即 $R=p\cdot Q(p)$，于是

$$R'=Q(p)+pQ'(p)=Q(p)\left[1+\dfrac{p}{Q(p)}Q'(p)\right]$$
$$=Q(p)[1-\eta(p)].$$

由上式可知：当 $\eta(p)>1$，即高弹性时，有 $R'<0$，所以降价可使收益增加，这便是薄利多销多收益的道理. 反之，提价将使收益下降. 当 $\eta(p)<1$，即低弹性时，有 $R'>0$，所以降价会使收益下降，而提价将使收益增加.

例 4　已知某商品的需求函数 $Q=\mathrm{e}^{-\frac{p}{10}}$，求 $p=5,p=10,p=15$

时的需求弹性并说明其意义.

解 由于 $Q' = -\frac{1}{10}e^{-\frac{p}{10}}$,

需求弹性函数为 $\eta(p) = -f'(p)\frac{p}{Q} = \frac{1}{10}e^{-\frac{p}{10}}\frac{p}{e^{-\frac{p}{10}}} = \frac{p}{10}$,

因此,有如下结论:

$\eta(5) = 0.5$,说明当 $p = 5$ 时,价格上涨 1%,需求只减少 0.5%;

$\eta(10) = 1$,说明当 $p = 10$ 时,价格与需求的变化幅度相同;

$\eta(15) = 1.5$,说明当 $p = 15$ 时,价格上涨 1%,需求减少 1.5%.

例 5 某工厂生产某产品,年产量为 Q(单位:百台),总成本为 $C(Q)$(单位:万元),其中固定成本为 2 万元,每生产 1 百台,成本增加 1 万元.市场上每年可销售此种商品 4 百台,其总收益 R 是 Q 的函数:

$$R = R(Q) = \begin{cases} 4Q - \frac{1}{2}Q^2, & 0 \le Q \le 4. \\ 8, & Q > 4 \end{cases}$$

问每年生产多少台,能使利润 $L = R(Q) - C(Q)$ 最大.

解 总成本 $C(Q)$ 是 Q 的函数 $C(Q) = 2 + Q$,则总利润函数为

$$L = R(Q) - C(Q) = \begin{cases} 3Q - \frac{1}{2}Q^2 - 2, & 0 \le Q \le 4 \\ 6 - Q, & Q > 4 \end{cases}.$$

求导数得 $$L'(Q) = \begin{cases} 3 - Q, & 0 \le Q \le 4 \\ -1, & Q > 4 \end{cases}.$$

令 $L'(Q) = 0$,得 $Q = 3$,又因 $L''(3) < 0$,所以 $L(3) = 2.5$ 为极大值,也是最大值,即每年生产 3 百台时,最大利润为 2.5 万元.

习题四

(A)组

1. 函数 $f(x) = x^2 - 4x - 5$ 在区间 $[-1,5]$ 上是否满足罗尔定理的条件?如果满足,请找出定理中的数值 ξ,使得 $f'(\xi) = 0$.

2. 不用求出函数 $f(x) = (x-1)(x-2)(x-3)$ 的导数,说明方程 $f'(x) = 0$ 有几个实根,并指出它们所在的区间.

3. 应用拉格朗日中值定理证明下列不等式:

(1) $|\sin x - \sin y| \le |x - y|$,$x, y \in (-\infty, +\infty)$;

(2) 当 $x > 0$ 时,$\frac{x}{1 + x^2} < \arctan x < x$.

4. 证明恒等式:$\arctan x + \text{arccot } x = \frac{\pi}{2}$,$x \in (-\infty, +\infty)$.

5. 已知函数 $f(x)$ 在 $[a,b]$ 上连续,在 (a,b) 内可导,且 $f(a)=f(b)=0$,试证:在 (a,b) 内至少存在一点 ξ,使得
$$f(\xi)+f'(\xi)=0, \xi \in (a,b).$$

6. 设 $f(x)$ 在 $[0,1]$ 上可导,当 $0 \leqslant x \leqslant 1$ 时,$0 < f(x) < 1$,且对于 $(0,1)$ 内所有 x 有 $f'(x) \neq 1$,求证:在 $(0,1)$ 内有且仅有一个 x_0,使得 $f(x_0)=x_0$.

7. 若方程 $a_0 x^n + a_1 x^{n-1} + \cdots + a_{n-1} x = 0$ 有一个正根 x_0,证明:方程 $a_0 n x^{n-1} + a_1(n-1)x^{n-2} + \cdots + a_{n-1} = 0$ 必有一个小于 x_0 的正根.

8. 利用洛必达法则求下列极限:

(1) $\lim\limits_{x \to \pi} \dfrac{\sin 3x}{\tan 5x}$;

(2) $\lim\limits_{x \to 0} \dfrac{e^x - e^{-x}}{\sin x}$;

(3) $\lim\limits_{x \to a} \dfrac{x^m - a^m}{x^n - a^n}, x \neq a$;

(4) $\lim\limits_{x \to 0} x \cot 2x$;

(5) $\lim\limits_{x \to 0^+} \dfrac{\ln(1+x)-x}{\cos x - 1}$;

(6) $\lim\limits_{x \to +\infty} x \left(\dfrac{\pi}{2} - \arctan x \right)$;

(7) $\lim\limits_{x \to +\infty} \dfrac{\ln\left(1+\dfrac{1}{x}\right)}{\operatorname{arccot} x}$;

(8) $\lim\limits_{x \to 1} \left(\dfrac{x}{x-1} - \dfrac{1}{\ln x} \right)$;

(9) $\lim\limits_{x \to 0} \left(\dfrac{a^x + b^x}{2} \right)^{\frac{1}{x}}, a,b > 0$;

(10) $\lim\limits_{x \to 0} \left(\dfrac{e^x + e^{2x} + \cdots + e^{nx}}{n} \right)^{\frac{1}{x}}$.

9. 设 $\lim\limits_{x \to 1} \dfrac{x^2 + mx + n}{x-1} = 5$,求常数 m、n 的值.

10. 验证极限 $\lim\limits_{x \to \infty} \dfrac{x + \sin x}{x}$ 存在,但不能由洛必达法则得出.

11. 按 $(x-4)$ 的乘幂展开多项式 $f(x) = x^4 - 5x^3 + x^2 - 3x + 4$.

12. 应用麦克劳林公式,按 x 的乘幂展开函数 $f(x) = (x^2 - 3x + 1)^3$.

13. 求函数 $f(x) = xe^x$ 带佩亚诺型余项的 n 阶麦克劳林公式.

14. 利用泰勒公式求 $\lim\limits_{x \to 0} \dfrac{\cos x - e^{-\frac{x^2}{2}}}{x^4}$ 的极限.

15. 求下面函数的单调区间与极值:

(1) $f(x) = 2x^3 - 6x^2 - 18x - 7$; (2) $f(x) = x - \ln(1+x)$;

(3) $f(x) = \dfrac{x^2 - 1}{x}$.

16. 试证:方程 $\sin x = x$ 只有一个根.

17. 已知 $f(x)$ 在 $[0,+\infty)$ 上连续,若 $f(0)=0$,$f'(x)$ 在 $[0,+\infty)$ 内存在且单调增加,证明:$\dfrac{f(x)}{x}$ 在 $(0,+\infty)$ 内也单调增加.

18. 证明下列不等式:

(1) $1 + \dfrac{1}{2}x > \sqrt{1+x}, x > 0$;

（2）$x - \dfrac{x^2}{2} < \ln(1+x) < x, x > 0$；

（3）当 $x < 0$ 时，$x < \sin x < x - \dfrac{x^3}{6}$.

19. 试问 a 取何值时，$f(x) = a\sin x + \dfrac{1}{3}\sin 3x$ 在 $x = \dfrac{\pi}{3}$ 处取得极值？该极值是极大值还是极小值？并求出此极值.

20. 求下列函数的凹凸区间及拐点：

（1）$y = x^3 - 5x^2 + 3x + 5$；　　（2）$y = \ln(1 + x^2)$；

（3）$y = \ln(x + \sqrt{1 + x^2})$；　　（4）$y = (x+1)^4 + e^x$.

21. 当 a、b 为何值时，点 $(1,3)$ 为曲线 $y = ax^3 + bx^2$ 的拐点？

22. 求曲线 $y = \dfrac{x^3}{(x-1)^2}$ 的渐近线.

23. 画出下列函数的图形：

（1）$f(x) = \dfrac{x}{1 + x^2}$；　　（2）$f(x) = x - 2\arctan x$.

24. 求 $f(x) = 2x^3 - 3x^2$ 在 $[-1, 4]$ 上的最大值和最小值.

25. 设 $f(x) = xe^x$，求它在定义域上的最大值和最小值.

26. 已知某产品的总成本函数和总收益函数分别为
$$C(x) = 5 + 2\sqrt{x}, R(x) = \dfrac{5x}{x+2},$$
其中，x 为该产品的销售量，求该产品的边际成本、边际收益和边际利润.

27. 已知某产品的总收益函数和总成本函数分别为
$$R(Q) = 33Q - 4Q^2, C(Q) = Q^3 - 9Q^2 + 36Q + 6,$$
求利润最大时的产量、产品的价格和利润.

28. 求函数 $y = 50e^{4x}$ 的弹性函数 $\dfrac{Ey}{Ex}$ 及 $\dfrac{Ey}{Ex}\Big|_{x=3}$.

（B）组

1.（1）证明：对任意正整数 n，都有 $\dfrac{1}{n+1} < \ln\left(1 + \dfrac{1}{n}\right) < \dfrac{1}{n}$ 成立；

（2）设 $a_n = 1 + \dfrac{1}{2} + \dfrac{1}{3} \cdots + \dfrac{1}{n} - \ln n \, (n = 1, 2, \cdots)$，证明：数列 $\{a_n\}$ 收敛.

2. 证明：$x\ln\dfrac{1+x}{1-x} + \cos x \geqslant 1 + \dfrac{x^2}{2} \, (-1 < x < 1)$.

3. 利用洛必达法则求下列极限：

（1）$\lim\limits_{x \to +\infty}\left[x - x^2\ln\left(1 + \dfrac{1}{x}\right)\right]$；　　（2）$\lim\limits_{x \to 0}\left(\dfrac{1}{x}\right)^{\tan x}$；

（3）$\lim\limits_{x\to 0}\dfrac{e^x-x-1}{x(e^x-1)}$；

（4）$\lim\limits_{x\to +\infty}\left(\dfrac{2}{\pi}\arctan x\right)^x$.

4. 讨论函数

$$f(x)=\begin{cases}\left[\dfrac{(1+x)^{\frac{1}{x}}}{e}\right]^{\frac{1}{x}},&x>0\\[3mm] e^{-\frac{1}{2}},&x\leqslant 0\end{cases}$$

在点 $x=0$ 处的连续性.

5. 设 $f(x)$ 具有二阶连续导数，且 $f(0)=0$，试证

$$g(x)=\begin{cases}\dfrac{f(x)}{x},&x\neq 0\\[3mm] f'(0),&x=0\end{cases}$$

可导，且导函数连续.

6. 证明下列不等式：

（1）$\dfrac{2x}{\pi}<\sin x<x,x\in\left(0,\dfrac{\pi}{2}\right)$；

（2）当 $x>0$ 时，$1+x\ln\left(x+\sqrt{1+x^2}\right)>\sqrt{1+x^2}$.

7. 设奇函数 $f(x)$ 在闭区间 $[-1,1]$ 上具有二阶导数，且 $f(1)=1$. 证明：

（1）存在 $\xi\in(0,1)$，使得 $f'(\xi)=1$；

（2）存在 $\eta\in(-1,1)$，使得 $f''(\eta)+f'(\eta)=1$.

8. 求方程 $k\arctan x-x=0$ 不同实根的个数，其中，k 为参数.

9. 设函数 $y=f(x)$ 由方程 $y^3+xy^2+x^2y+6=0$ 确定，求 $f(x)$ 的极值.

10. 利用函数的凸性证明下列不等式：

（1）$\dfrac{e^x+e^y}{2}>e^{\frac{x+y}{2}},x\neq y$；

（2）$x\ln x+y\ln y>(x+y)\ln\dfrac{x+y}{2},x>0,y>0,x\neq y$.

11. 设某产品的成本函数为 $C=aq^2+bq+c$，需求函数为 $q=\dfrac{1}{e}(d-p)$，其中，C 为成本，q 为需求量（即产量），p 为单价，$b、c、d、e$ 都是正的常数，且 $d>b$，求：

（1）利润最大时的产量及最大利润；

（2）需求对价格的弹性；

（3）需求对价格弹性的绝对值为 1 的产量.

★　习题四参考答案
见本页二维码

第五章

不定积分

★ 微积分简史
见本页二维码

在第三章中,我们已经解决了求已知函数的导数(或微分)的问题,但是在许多科学技术和生产实践中常常会遇到相反的问题,即已知某函数的导数,如何求出该函数.例如,已知某曲线上各点的切线斜率 $k(x)$,如何求出该曲线方程 $y = f(x)$,这些问题就是积分学研究的内容之一.积分学包括不定积分与定积分,本章先介绍不定积分.

第一节 不定积分的概念与性质

一、 原函数与不定积分的概念

定义1 设函数 $f(x)$ 和 $F(x)$ 在区间 I 上有定义,如果对于 I 上任一点 x,都有 $F'(x) = f(x)$ 或 $\mathrm{d}F(x) = f(x)\mathrm{d}x$,那么称 $F(x)$ 是 $f(x)$ 在区间 I 上的一个原函数.

例如,因为 $(x^2)' = 2x$,所以 x^2 是 $2x$ 的一个原函数.

因为 $(\arcsin x)' = \dfrac{1}{\sqrt{1-x^2}}$,所以 $\arcsin x$ 是 $\dfrac{1}{\sqrt{1-x^2}}$ 的一个原函数.我们自然会问 $\dfrac{1}{\sqrt{1-x^2}}$ 还有没有其他形式的原函数呢?显然,

$(\arcsin x + \pi)' = \dfrac{1}{\sqrt{1-x^2}}$,所以 $\arcsin x + \pi$ 也是 $\dfrac{1}{\sqrt{1-x^2}}$ 的一个原函数.对于任意常数 C,总有 $(\arcsin x + C)' = \dfrac{1}{\sqrt{1-x^2}}$,所以 $\arcsin x + C$

也是 $\dfrac{1}{\sqrt{1-x^2}}$ 的原函数.由此可见,原函数并不是唯一的.若不唯一,各原函数之间又存在什么关系呢?

关于原函数,有三个基本问题需要解决:第一,满足什么条件的函数具有原函数? 第二,若原函数存在,它是否唯一? 若不唯一,各原函数之间存在什么关系? 第三,在原函数存在的前提下,如何求出原函数?

下面对这三个问题逐一做出说明:

对第一个问题,我们先给出一个原函数存在的充分条件,其证明放到下一章.

定理 1(原函数存在定理)　若函数 $f(x)$ 在区间 I 上连续,则在区间 I 上一定存在可导函数 $F(x)$,使得对于任意一个 $x \in I$,都有 $F'(x) = f(x)$.

简而言之,连续函数一定存在原函数.

由于初等函数在其定义区间内都是连续的,故初等函数在其定义区间内都有原函数.

对第二个问题,我们给出以下定理:

定理 2　若 $F(x)$ 是 $f(x)$ 在区间 I 上的一个原函数,则 $F(x) + C$ 也是 $f(x)$ 的原函数,并且 $f(x)$ 的所有原函数都包含在 $F(x) + C$(C 为任意常数)之中.

证　第一个结论显然成立,事实上 $[F(x) + C]' = F'(x) + C' = f(x)$.

下面证明第二个结论:

设 $\varphi(x)$ 是函数 $f(x)$ 的任一个原函数,即 $\varphi'(x) = f(x)$,又 $F'(x) = f(x)$,由于 $[\varphi(x) - F(x)]' = \varphi'(x) - F'(x) = f(x) - f(x) = 0$,所以 $\varphi(x) - F(x) = C$,于是 $\varphi(x) = F(x) + C$. 这就是说 $f(x)$ 的任一个原函数都可以表示成 $F(x) + C$ 的形式,从而证明了第二个结论.

定义 2　在区间 I 上,函数 $f(x)$ 的带有任意常数项的原函数为 $f(x)$ 在区间 I 上的不定积分,记作

$$\int f(x) \, \mathrm{d}x,$$

其中,记号 $\int$ 称为积分号;$f(x)$ 称为被积函数;$f(x) \, \mathrm{d}x$ 称为被积表达式;x 称为积分变量.

由定义 2 可知,若函数 $F(x)$ 是 $f(x)$ 在区间 I 上的一个原函数,则 $\int f(x) \, \mathrm{d}x = F(x) + C$,其中 C 称为积分常数.

进一步由不定积分的定义可知,我们计算不定积分 $\int f(x) \, \mathrm{d}x$,只要求出 $f(x)$ 的一个原函数 $F(x)$,再加上积分常数 C 即可. 我们将在以后陆续介绍计算不定积分的各种方法.

例1 求 $\int x^2 \mathrm{d}x$.

解 因 $\left(\dfrac{x^3}{3}\right)' = x^2$，故 $\dfrac{x^3}{3}$ 为 x^2 的一个原函数，所以

$$\int x^2 \mathrm{d}x = \frac{x^3}{3} + C.$$

例2 求 $\int \dfrac{1}{x} \mathrm{d}x$.

解 当 $x > 0$ 时，$(\ln x)' = \dfrac{1}{x}$；当 $x < 0$ 时，$[\ln(-x)]' = \dfrac{1}{-x}(-1) = \dfrac{1}{x}$.

所以，当 $x \neq 0$ 时，$\ln|x|$ 为 $\dfrac{1}{x}$ 的一个原函数，因此

$$\int \frac{1}{x} \mathrm{d}x = \ln|x| + C.$$

例3 设曲线过点 $(1,2)$，且其上任意一点 $P(x,y)$ 处的切线斜率等于这点横坐标的两倍，求此曲线方程.

解 设所求的曲线方程为 $y = F(x)$，由题意及导数的几何意义知 $\dfrac{\mathrm{d}y}{\mathrm{d}x} = 2x$，即 $F'(x) = 2x$，所以 $\int 2x \mathrm{d}x = x^2 + C$，即曲线方程为 $y = x^2 + C$. 由于曲线过 $(1,2)$，将该点坐标代入方程，解得 $C = 1$. 于是，所求曲线方程为 $y = x^2 + 1$.

函数 $f(x)$ 的原函数的图形称为 $f(x)$ 的积分曲线. 本例即是求函数 $2x$ 通过点 $(1,2)$ 的那条积分曲线. 这条积分曲线可以由另一条积分曲线（例如 $y = x^2$）经 y 轴方向平移而得（见图 5-1）.

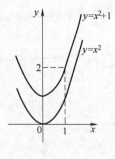

图 5-1

设 $F(x)$ 是函数 $f(x)$ 的一个原函数，则曲线 $y = F(x)$ 称为 $f(x)$ 的一条积分曲线，于是，$f(x)$ 的不定积分在几何上表现为 $f(x)$ 的某一条积分曲线沿 y 轴方向上下平移所得到的曲线族.

由不定积分 $\int f(x) \mathrm{d}x$ 的定义，可得 $\dfrac{\mathrm{d}}{\mathrm{d}x}\left[\int f(x) \mathrm{d}x\right] = f(x)$ 或 $\mathrm{d}\left[\int f(x) \mathrm{d}x\right] = f(x) \mathrm{d}x$. 反之，由于 $F(x)$ 是 $F'(x)$ 的一个原函数，故

$$\int F'(x) \mathrm{d}x = F(x) + C \quad \text{或} \quad \int \mathrm{d}F(x) = F(x) + C.$$

由此可见，微分运算（以记号 d 表示）与求不定积分的运算（以记号 $\int$ 表示）是互逆的. 当记号 d 与 $\int$ 连在一起时，二者或者抵消，或者抵消后相差一个常数.

二、基本积分表

既然积分运算是微分运算的逆运算，那么可以很自然地从导数

公式得到相应的积分公式.

（1）$\int k\mathrm{d}x = kx + C$ （k 是常数）;

（2）$\int x^{\mu}\mathrm{d}x = \dfrac{x^{\mu+1}}{\mu+1} + C(\mu \neq -1)$;

（3）$\int \dfrac{\mathrm{d}x}{x} = \ln|x| + C$;

（4）$\int \dfrac{\mathrm{d}x}{1+x^2} = \arctan x + C = -\operatorname{arccot} x + C$;

（5）$\int \dfrac{\mathrm{d}x}{\sqrt{1-x^2}} = \arcsin x + C = -\arccos x + C$;

（6）$\int \cos x\mathrm{d}x = \sin x + C$;

（7）$\int \sin x\mathrm{d}x = -\cos x + C$;

（8）$\int \dfrac{\mathrm{d}x}{\cos^2 x} = \int \sec^2 x\mathrm{d}x = \tan x + C$;

（9）$\int \dfrac{\mathrm{d}x}{\sin^2 x} = \int \csc^2 x\mathrm{d}x = -\cot x + C$;

（10）$\int \sec x\tan x\mathrm{d}x = \sec x + C$;

（11）$\int \csc x\cot x\mathrm{d}x = -\csc x + C$;

（12）$\int \mathrm{e}^x\mathrm{d}x = \mathrm{e}^x + C$;

（13）$\int a^x\mathrm{d}x = \dfrac{a^x}{\ln a} + C(a > 0, a \neq 1)$.

以上 13 个基本积分公式是求不定积分的基础,必须熟记. 因为其他函数的积分往往是在对被积函数进行适当的变形后归结为以上这些基本不定积分的.

例 4 求 $\int \dfrac{1}{x^4}\mathrm{d}x$.

解 $\int \dfrac{1}{x^4}\mathrm{d}x = \int x^{-4}\mathrm{d}x = \dfrac{1}{-4+1}x^{-4+1} + C = -\dfrac{1}{3x^3} + C$.

例 5 求 $\int \dfrac{1}{\sqrt{x\sqrt{x}}}\mathrm{d}x$.

解 $\int \dfrac{1}{\sqrt{x\sqrt{x}}}\mathrm{d}x = \int x^{-\frac{3}{4}}\mathrm{d}x = \dfrac{1}{-\dfrac{3}{4}+1}x^{-\frac{3}{4}+1} + C = 4x^{\frac{1}{4}} + C$.

例 6 求 $\int \mathrm{e}^x 3^x\mathrm{d}x$.

解 $\int \mathrm{e}^x 3^x\mathrm{d}x = \int (3\mathrm{e})^x\mathrm{d}x = \dfrac{1}{\ln(3\mathrm{e})}(3\mathrm{e})^x + C = \dfrac{3^x\mathrm{e}^x}{1+\ln 3} + C$.

三、 不定积分的性质

根据不定积分的定义，可以很容易地推出以下两个性质：

性质1 两个函数和（差）的不定积分等于其不定积分的和（差），即

$$\int [f(x) \pm g(x)] \mathrm{d}x = \int f(x) \mathrm{d}x \pm \int g(x) \mathrm{d}x.$$

此性质对任意有限个函数都是成立的.

性质2 不为零的常数因子可以提到积分号的外面，即

$$\int k f(x) \mathrm{d}x = k \int f(x) \mathrm{d}x \quad (k \neq 0).$$

利用基本的积分表以及不定积分的以上两个性质，可以求出一些简单函数的不定积分.

例7 求 $\int \sqrt{x}(x^2 - 5) \mathrm{d}x$.

解
$$\int \sqrt{x}(x^2 - 5) \mathrm{d}x = \int (\sqrt{x} x^2 - 5\sqrt{x}) \mathrm{d}x$$
$$= \int (x^{\frac{5}{2}} - 5x^{\frac{1}{2}}) \mathrm{d}x = \int x^{\frac{5}{2}} \mathrm{d}x - 5\int x^{\frac{1}{2}} \mathrm{d}x$$
$$= \frac{2}{7}x^{\frac{7}{2}} - \frac{10}{3}x^{\frac{3}{2}} + C.$$

例8 求 $\int \dfrac{x^2}{1 + x^2} \mathrm{d}x$.

解 $\int \dfrac{x^2}{1 + x^2} \mathrm{d}x = \int \left(1 - \dfrac{1}{1 + x^2}\right) \mathrm{d}x = \int \mathrm{d}x - \int \dfrac{1}{1 + x^2} \mathrm{d}x = x -$
arctan $x + C$.

例9 求 $\int \dfrac{(x - 1)^3}{x} \mathrm{d}x$.

解
$$\int \frac{(x - 1)^3}{x} \mathrm{d}x = \int \frac{x^3 - 3x^2 + 3x - 1}{x} \mathrm{d}x$$
$$= \int \left(x^2 - 3x + 3 - \frac{1}{x}\right) \mathrm{d}x$$
$$= \int x^2 \mathrm{d}x - 3\int x \mathrm{d}x + 3\int \mathrm{d}x - \int \frac{1}{x} \mathrm{d}x$$
$$= \frac{1}{3}x^3 - \frac{3}{2}x^2 + 3x - \ln|x| + C.$$

例10 求 $\int \cos^2 \dfrac{x}{2} \mathrm{d}x$.

解
$$\int \cos^2 \frac{x}{2} \mathrm{d}x = \int \frac{1 + \cos x}{2} \mathrm{d}x = \int \left(\frac{1}{2} + \frac{1}{2}\cos x\right) \mathrm{d}x$$
$$= \frac{1}{2}\int \mathrm{d}x + \frac{1}{2}\int \cos x \mathrm{d}x = \frac{1}{2}x + \frac{1}{2}\sin x + C.$$

例11 求 $\int \tan^2 x \, \mathrm{d}x$.

解 $\int \tan^2 x \, \mathrm{d}x = \int (\sec^2 x - 1) \, \mathrm{d}x$

$$= \int \sec^2 x \, \mathrm{d}x - \int \mathrm{d}x = \tan x - x + C.$$

第二节 换元积分法

利用不定积分的性质及基本积分表,我们可以求出一些较复杂函数的不定积分,但是还有许多常见函数的不定积分不能解决,如 $\int e^{2x} \, \mathrm{d}x, \int x e^{x^2} \, \mathrm{d}x, \int \sqrt{1-x^2} \, \mathrm{d}x, \int \sqrt{1+x^2} \, \mathrm{d}x$ 等.

因此,需要进一步寻找求不定积分的方法,以便求出更多函数的不定积分.本节将复合函数的微分法反过来应用,利用变量代换求不定积分,这种方法称为换元积分法.换元积分法分为两类,分别称为第一类换元积分法和第二类换元积分法.

一、 第一类换元积分法

如果积分 $\int g(x) \, \mathrm{d}x$ 可化为 $\int f(\varphi(x)) \varphi'(x) \, \mathrm{d}x$ 的形式,且设 $f(u)$ 有原函数 $F(u)$,其中 $u = \varphi(x)$ 可导,即 $\int f(u) \, \mathrm{d}u = F(u) + C$,则有

$$\int g(x) \, \mathrm{d}x = \int f(\varphi(x)) \varphi'(x) \, \mathrm{d}x = \int f(u) \, \mathrm{d}u$$
$$= F(u) + C = F(\varphi(x)) + C.$$

于是有如下的定理:

定理1(第一类换元积分法) 设 $f(u)$ 具有原函数 $F(u)$,其中 $u = \varphi(x)$ 是可导函数,则有换元积分公式

$$\int f(\varphi(x)) \varphi'(x) \, \mathrm{d}x = \int f(u) \, \mathrm{d}u = F(u) + C = F(\varphi(x)) + C$$

$$(5-1)$$

如何利用式(5-1)来计算不定积分呢?设 $\int g(x) \, \mathrm{d}x$ 是所要计算的不定积分,若 $g(x)$ 可以表示为 $g(x) = f(\varphi(x)) \varphi'(x)$ 的形式,且 $\int f(u) \, \mathrm{d}u$ 比较容易求出,则可利用式(5-1)来求不定积分.这种方法称为第一类换元积分法(或更形象地称之为凑微分法).

例1 求 $\int \dfrac{1}{1+x} \, \mathrm{d}x$.

解 被积函数 $\dfrac{1}{1+x}$ 是 $\dfrac{1}{u}$ 与 $u = 1 + x$ 的复合函数,因此做变换

$u = 1 + x$, 便有

$$\int \frac{1}{1 + x} dx = \int \frac{1}{1 + x} (1 + x)' dx = \int \frac{1}{1 + x} d(1 + x)$$

$$= \int \frac{1}{u} du = \ln|u| + C$$

$$= \ln|1 + x| + C.$$

一般地, 对于积分 $\int f(ax + b) dx (a \neq 0)$, 可以做变换 $u = ax + b$, 将积分式化为

$$\int f(ax + b) dx = \int \frac{1}{a} f(ax + b) (ax + b)' dx = \frac{1}{a} \int f(u) du.$$

例2 求 $\int \frac{1}{\sqrt{1 + 3x}} dx$.

解 被积函数 $\frac{1}{\sqrt{1 + 3x}}$ 是 $\frac{1}{\sqrt{u}}$ 与 $u = 1 + 3x$ 的复合函数, 因此做变换 $u = 1 + 3x$, 便有

$$\int \frac{1}{\sqrt{1 + 3x}} dx = \int \frac{1}{\sqrt{1 + 3x}} \frac{1}{3} (1 + 3x)' dx = \frac{1}{3} \int \frac{1}{\sqrt{1 + 3x}} d(1 + 3x)$$

$$= \frac{1}{3} \int \frac{1}{\sqrt{u}} du = \frac{1}{3} \int u^{-\frac{1}{2}} du$$

$$= \frac{2}{3} u^{\frac{1}{2}} + C = \frac{2}{3} (1 + 3x)^{\frac{1}{2}} + C.$$

例3 求 $\int 2\cos 2x dx$.

解 被积函数 $\cos 2x$ 是 $\cos u$ 与 $u = 2x$ 的复合函数, 常数因子 2 恰好是中间变量 $u = 2x$ 的导数, 故可做变量代换 $u = 2x$, 便有

$$\int 2\cos 2x dx = \int \cos 2x \cdot (2x)' dx = \int \cos u du$$

$$= \sin u + C = \sin 2x + C.$$

例4 求 $\int 3x^2 e^{x^3} dx$.

解 被积函数可以视作 $e^{x^3} \cdot (x^3)'$, 故可做变量代换 $u = x^3$, 则有

$$\int 3x^2 e^{x^3} dx = \int e^{x^3} \cdot (x^3)' dx = \int e^u du$$

$$= e^u + C = e^{x^3} + C.$$

对变量代换比较熟悉以后, 可以不写出中间变量, 直接凑微分进行运算.

例5 求 $\int \tan x dx$.

解 $\int \tan x dx = \int \frac{\sin x}{\cos x} dx = -\int \frac{1}{\cos x} d(\cos x)$

$$= -\ln|\cos x| + C.$$

类似地,可得 $\displaystyle\int \cot x \mathrm{d}x = \ln|\sin x| + C.$

例 6 求 $\displaystyle\int \frac{1}{a^2 + x^2} \mathrm{d}x.$

解 $\displaystyle\int \frac{1}{a^2 + x^2}\mathrm{d}x = \int \frac{1}{a^2} \cdot \frac{1}{1 + \left(\dfrac{x}{a}\right)^2}\mathrm{d}x = \frac{1}{a}\int \frac{1}{1 + \left(\dfrac{x}{a}\right)^2}\mathrm{d}\frac{x}{a}$

$$= \frac{1}{a}\arctan \frac{x}{a} + C.$$

在上例中,我们实际上已经用了变量代换 $u = \dfrac{x}{a}$,并在求出积分 $\dfrac{1}{a}\displaystyle\int \dfrac{1}{1 + u^2}\mathrm{d}u$ 之后,代回了原积分变量 x,只是没有把这些步骤写出来而已.

例 7 求 $\displaystyle\int \frac{1}{\sqrt{a^2 - x^2}}\mathrm{d}x \quad (a > 0).$

解 $\displaystyle\int \frac{1}{\sqrt{a^2 - x^2}}\mathrm{d}x = \int \frac{1}{a} \cdot \frac{\mathrm{d}x}{\sqrt{1 - \left(\dfrac{x}{a}\right)^2}} = \int \frac{\mathrm{d}\dfrac{x}{a}}{\sqrt{1 - \left(\dfrac{x}{a}\right)^2}}$

$$= \arcsin \frac{x}{a} + C.$$

例 8 求 $\displaystyle\int \frac{1}{x^2 - a^2}\mathrm{d}x.$

解 由于 $\dfrac{1}{x^2 - a^2} = \dfrac{1}{2a}\left(\dfrac{1}{x - a} - \dfrac{1}{x + a}\right)$,所以

$$\int \frac{1}{x^2 - a^2}\mathrm{d}x = \frac{1}{2a}\int \left(\frac{1}{x - a} - \frac{1}{x + a}\right)\mathrm{d}x$$

$$= \frac{1}{2a}\left(\int \frac{1}{x - a}\mathrm{d}x - \int \frac{1}{x + a}\mathrm{d}x\right)$$

$$= \frac{1}{2a}\left[\int \frac{1}{x - a}\mathrm{d}(x - a) - \int \frac{1}{x + a}\mathrm{d}(x + a)\right]$$

$$= \frac{1}{2a}(\ln|x - a| - \ln|x + a|) + C$$

$$= \frac{1}{2a}\ln\left|\frac{x - a}{x + a}\right| + C.$$

例 9 求 $\displaystyle\int \sec x \mathrm{d}x.$

解 解法 1:应用例 8 的结果,有

$$\int \sec x \mathrm{d}x = \int \frac{1}{\cos x}\mathrm{d}x = \int \frac{\cos x}{\cos^2 x}\mathrm{d}x = \int \frac{1}{1 - \sin^2 x}\mathrm{d}\sin x$$

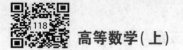

$$= \frac{1}{2}\ln\left|\frac{\sin x + 1}{\sin x - 1}\right| + C.$$

解法 2：$\displaystyle\int \sec x\mathrm{d}x = \int \frac{\sec x(\sec x + \tan x)}{\sec x + \tan x}\mathrm{d}x$

$$= \int \frac{\mathrm{d}(\sec x + \tan x)}{\sec x + \tan x} = \ln|\sec x + \tan x| + C.$$

注意 例 9 中用两种不同的方法求出的积分形式虽然不同，但是却可以通过三角变换把它们统一起来.

类似地，可得 $\displaystyle\int \csc x\mathrm{d}x = \ln|\csc x - \cot x| + C.$

下面再举几个被积函数中含三角函数的例子.

例 10 求 $\displaystyle\int \sin^3 x\cos^2 x\mathrm{d}x.$

解 $\displaystyle\int \sin^3 x\cos^2 x\mathrm{d}x = -\int \sin^2 x\cos^2 x\mathrm{d}\cos x$

$$= -\int (1 - \cos^2 x)\cos^2 x\mathrm{d}\cos x$$

$$= -\int (\cos^2 x - \cos^4 x)\mathrm{d}\cos x$$

$$= -\frac{1}{3}\cos^3 x + \frac{1}{5}\cos^5 x + C.$$

例 11 求 $\displaystyle\int \sin^2 x\cos^2 x\mathrm{d}x.$

解 $\displaystyle\int \sin^2 x\cos^2 x\mathrm{d}x = \int \frac{1 - \cos 2x}{2}\cdot\frac{1 + \cos 2x}{2}\mathrm{d}x$

$$= \frac{1}{4}\int (1 - \cos^2 2x)\mathrm{d}x$$

$$= \frac{1}{4}\int \left(1 - \frac{1 + \cos 4x}{2}\right)\mathrm{d}x$$

$$= \frac{1}{8}\int (1 - \cos 4x)\mathrm{d}x = \frac{1}{8}x - \frac{1}{32}\sin 4x + C.$$

例 12 求 $\displaystyle\int \sec^6 x\mathrm{d}x.$

解 $\displaystyle\int \sec^6 x\mathrm{d}x = \int (\sec^2 x)^2\sec^2 x\mathrm{d}x = \int (1 + \tan^2 x)^2\mathrm{d}(\tan x)$

$$= \int (1 + 2\tan^2 x + \tan^4 x)\mathrm{d}(\tan x)$$

$$= \tan x + \frac{2}{3}\tan^3 x + \frac{1}{5}\tan^5 x + C.$$

例 13 求 $\displaystyle\int \tan^5 x\sec^3 x\mathrm{d}x.$

解 $\displaystyle\int \tan^5 x\sec^3 x\mathrm{d}x = \int \tan^4 x\sec^2 x\sec x\tan x\mathrm{d}x$

$$= \int (\sec^2 x - 1)^2\sec^2 x\mathrm{d}(\sec x)$$

$$= \int (\sec^6 x - 2\sec^4 x + \sec^2 x)\mathrm{d}(\sec x)$$

$$= \frac{1}{7}\sec^7 x - \frac{2}{5}\sec^5 x + \frac{1}{3}\sec^3 x + C.$$

例 14 求 $\int \cos 3x \cos 2x \mathrm{d}x$.

解 利用三角函数的积化和差公式

$$\cos A \cos B = \frac{1}{2}[\cos(A-B) + \cos(A+B)]$$

$$\cos 3x \cos 2x = \frac{1}{2}(\cos x + \cos 5x),$$

于是

$$\int \cos 3x \cos 2x \mathrm{d}x = \frac{1}{2}\int (\cos x + \cos 5x)\mathrm{d}x$$

$$= \frac{1}{2}\int \cos x \mathrm{d}x + \frac{1}{2}\int \cos 5x \mathrm{d}x$$

$$= \frac{1}{2}\sin x + \frac{1}{10}\sin 5x + C.$$

上面所举的例子,可以使我们认识到式(5-1)在求不定积分的过程中所起的作用.像复合函数的求导法则在微分学中一样,式(5-1)在积分学中也是经常使用的.但利用式(5-1)来求不定积分,一般却比利用复合函数的求导法则求函数的导数困难,因为其中需要一定的技巧,而且如何适当地选择变量代换 $u = \varphi(x)$ 没有一般规律可循,因此要掌握换元法,除了熟悉一些典型的例子外,还要做较多的练习才行.

上述各例用的都是第一类换元法,即形如 $u = \varphi(x)$ 的变量代换.下面介绍另一种形式的变量代换 $x = \phi(t)$,即所谓第二类换元法.

二、 第二类换元法

定积分的第一类换元积分法就是把一个较为复杂的积分式子 $\int f(\varphi(x))\varphi'(x)\mathrm{d}x$ 通过变换 $u = \varphi(x)$ 化成简单的形式 $\int f(u)\mathrm{d}u$,从而使不定积分容易计算.但是我们还会遇到相反的情况:要计算的积分 $\int f(x)\mathrm{d}x$ 表面上并不复杂,而实际上不易计算.这时如果用变换 $x = \phi(t)$,将积分 $\int f(x)\mathrm{d}x$ 化成 $\int f(x)\mathrm{d}x = \int f(\phi(t))\phi'(t)\mathrm{d}t$,而后者容易计算,那么问题就可以解决.例如积分 $\int \dfrac{1}{1+\sqrt{x}}\mathrm{d}x$ 中有根号,它既不能由不定积分的基本公式直接得出,又不能用第一类换元积分法解决.这里的困难是被积函数中有根号,为了去掉根号,引进新变量 t,即令 $\sqrt{x} = t$,则 $x = t^2 (t > 0)$,于是

$$\int \frac{1}{1+\sqrt{x}}\mathrm{d}x = \int \frac{1}{1+t}\mathrm{d}t^2 = \int \frac{1}{1+t}2t\mathrm{d}t = 2\int \frac{t+1-1}{1+t}\mathrm{d}t$$

$$= 2 \int \left(1 - \frac{1}{1+t} \right) dt = 2(t - \ln|1+t|) + C$$

$$= 2[\sqrt{x} - \ln(1 + \sqrt{x})] + C.$$

我们可以验证上述方法的正确性.

事实上，$\{2[\sqrt{x} - \ln(1 + \sqrt{x})] + C\}' = 2 \left(\frac{1}{2\sqrt{x}} - \frac{1}{1+\sqrt{x}} \cdot \frac{1}{2\sqrt{x}} \right)$

$$= \frac{1}{1 + \sqrt{x}}.$$

一般地，如果积分 $\int f(x) dx$ 不易计算，可设 $x = \phi(t)$，其中 $\phi(t)$ 单调、可微，那么 $dx = d\phi(t) = \phi'(t) dt$，于是 $\int f(x) dx = \int f(\phi(t)) \phi'(t) dt$.

如果 $\int f(\phi(t)) \phi'(t) dt$ 的原函数是 $\Phi(t)$，而函数 $x = \phi(t)$ 的反函数是 $t = \phi^{-1}(x)$，则 $\int f(x) dx = \int f(\phi(t)) \phi'(t) dt = \Phi(t) + C = \Phi(\phi^{-1}(x)) + C$.

于是有：

定理 2（第二类换元积分法）　设函数 $x = \phi(t)$ 单调可微，并且 $\phi'(t) \neq 0$，又设 $f(\phi(t)) \phi'(t)$ 的原函数是 $\Phi(t)$，则有换元积分公式：

$$\int f(x) dx = \int f(\phi(t)) \phi'(t) dt = \Phi(t) + C = \Phi(\phi^{-1}(x)) + C.$$

$$(5\text{-}2)$$

下面举例说明第二类换元积分公式的应用.

例 15　求 $\int \dfrac{x+1}{\sqrt{3x+1}} dx$.

解　求这个积分的困难在于有根式 $\sqrt{3x+1}$，令 $\sqrt{3x+1} = t$，则 $x = \dfrac{t^2-1}{3}$，$dx = \dfrac{2}{3} t dt$，于是

$$\int \frac{x+1}{\sqrt{3x+1}} dx = \int \frac{\dfrac{t^2-1}{3} + 1}{t} \frac{2}{3} t dt = \frac{2}{9} \int (t^2 + 2) dt = \frac{2}{27} t^3 + \frac{4}{9} t + C$$

$$= \frac{2}{27} (3x+1)^{\frac{3}{2}} + \frac{4}{9} (3x+1)^{\frac{1}{2}} + C.$$

例 16　求 $\int \sqrt{a^2 - x^2} dx (a > 0)$.

解　求这个积分的困难在于有根式 $\sqrt{a^2 - x^2}$，但我们可以利用三角公式 $\sin^2 t + \cos^2 t = 1$ 来化去根式.

设 $x = a\sin t$，$-\dfrac{\pi}{2} < t < \dfrac{\pi}{2}$，那么 $\sqrt{a^2 - x^2} = \sqrt{a^2 - a^2 \sin^2 t} =$

$a\cos t, \mathrm{d}x = a\cos t \mathrm{d}t$,于是化成了三角式,所求积分化为

$$\int \sqrt{a^2 - x^2}\mathrm{d}x = \int a\cos t \cdot a\cos t\mathrm{d}t = a^2\int\cos^2 t\mathrm{d}t = a^2\int\frac{1+\cos 2t}{2}\mathrm{d}t$$

$$= \frac{a^2}{2}\left(\int\mathrm{d}t + \int\cos 2t\mathrm{d}t\right)$$

$$= a^2\left(\frac{t}{2} + \frac{\sin 2t}{4}\right) + C = \frac{a^2}{2}t + \frac{a^2}{2}\sin t\cos t + C.$$

由于 $x = a\sin t$, $-\dfrac{\pi}{2} < t < \dfrac{\pi}{2}$,所以 $t = \arcsin\dfrac{x}{a}$, $\cos t = \sqrt{1-\sin^2 t} = $

$\dfrac{\sqrt{a^2 - x^2}}{a}$,

于是所求积分为 $\displaystyle\int \sqrt{a^2 - x^2}\mathrm{d}x = \frac{a^2}{2}\arcsin\frac{x}{a} + \frac{1}{2}x\sqrt{a^2 - x^2} + C.$

例 17 求 $\displaystyle\int\frac{1}{\sqrt{a^2 + x^2}}\mathrm{d}x (a > 0)$.

解 求这个积分的困难在于含有根式 $\sqrt{a^2 + x^2}$,但我们可以利用三角公式 $1 + \tan^2 t = \sec^2 t$. 因为 $\sqrt{a^2 + x^2} = a\sqrt{1 + \left(\dfrac{x}{a}\right)^2}$,故令

$\dfrac{x}{a} = \tan t\left(-\dfrac{\pi}{2} < t < \dfrac{\pi}{2}\right)$, $\displaystyle\int\frac{1}{\sqrt{a^2 + x^2}}\mathrm{d}x = \int\frac{1}{\sqrt{a^2 + a^2\tan^2 t}}\mathrm{d}(a\tan t)$

$$= \int\frac{1}{a\sec t}a\sec^2 t\mathrm{d}t = \int\sec t\mathrm{d}t$$

$$= \ln|\sec t + \tan t| + C_1.$$

为了将 t 还原成 x,根据 $x = a\tan t$ 构造辅助三角形(见图5-2),这样 $\sec t = \dfrac{\sqrt{a^2 + x^2}}{a}$,

$$\int\frac{1}{\sqrt{a^2 + x^2}}\mathrm{d}x = \ln\left|\frac{\sqrt{a^2 + x^2}}{a} + \frac{x}{a}\right| + C_1$$

$$= \ln\left|\sqrt{a^2 + x^2} + x\right| - \ln a + C_1$$

$$= \ln\left|\sqrt{a^2 + x^2} + x\right| + C (C = -\ln a + C_1).$$

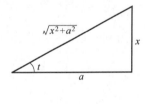

图 5-2

例 18 求 $\displaystyle\int\frac{1}{\sqrt{x^2 - a^2}}\mathrm{d}x (a > 0)$.

解 当 $x > a$ 时,令 $x = a\sec t\left(0 < x < \dfrac{\pi}{2}\right)$,则

$$\sqrt{x^2 - a^2} = \sqrt{a^2\sec^2 t - a^2} = a\tan t,$$

$$\mathrm{d}x = \mathrm{d}(a\sec t) = a\sec t\tan t\mathrm{d}t,$$

从而

$$\int\frac{1}{\sqrt{x^2 - a^2}}\mathrm{d}x = \int\frac{1}{a\tan t}a\sec t\tan t\mathrm{d}t = \int\sec t\mathrm{d}t = \ln(\sec t + \tan t) + C_1.$$

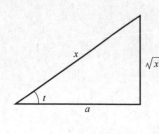

图 5-3

为了把 $\sec t$ 及 $\tan t$ 换成 x 的函数，我们根据 $x = a\sec t$ 构造辅助三角形（见图 5-3），得到 $\tan t = \dfrac{\sqrt{x^2 - a^2}}{a}$. 因此，当 $x > a$ 时，有

$$\int \frac{1}{\sqrt{x^2 - a^2}}\mathrm{d}x = \ln\left(\frac{x}{a} + \frac{\sqrt{x^2 - a^2}}{a}\right) + C_1 = \ln\left(x + \sqrt{x^2 - a^2}\right) + C \ (C = -\ln a + C_1).$$

当 $x < -a$ 时，令 $x = -u$，那么 $u > a$，由上段结果，有

$$\begin{aligned}
\int \frac{1}{\sqrt{x^2 - a^2}}\mathrm{d}x &= -\int \frac{1}{\sqrt{u^2 - a^2}}\mathrm{d}u = -\ln\left|u + \sqrt{u^2 - a^2}\right| + C_1 \\
&= -\ln\left(-x + \sqrt{x^2 - a^2}\right) + C_1 \\
&= \ln\frac{-x - \sqrt{x^2 - a^2}}{a^2} + C_1 \\
&= \ln\left(-x - \sqrt{x^2 - a^2}\right) + C \ (C = C_1 - 2\ln a)
\end{aligned}$$

把在 $x > a$ 及 $x < -a$ 内的结果综合起来，可写作

$$\int \frac{1}{\sqrt{x^2 - a^2}}\mathrm{d}x = \ln\left|x + \sqrt{x^2 - a^2}\right| + C.$$

从上面的三个例子可以看出：为化去被积函数中的二次根式，若被积函数含有 $\sqrt{a^2 - x^2}$，可做变换 $x = a\sin t$；若被积函数含有 $\sqrt{a^2 + x^2}$，可做变换 $x = a\tan t$；若被积函数含有 $\sqrt{x^2 - a^2}$，可做变换 $x = a\sec t$. 但是具体解题时，要分析被积函数的具体情形，选取尽可能简捷的代换，而不必拘泥于上述变量代换的形式. 例如，积分 $\int x\sqrt{4 - x^2}\mathrm{d}x$，用凑微分法就比用第二类换元积分法简单.

在本节的例题中，有几个积分是以后经常会遇到的，所以它们通常也被当作公式使用. 这样，常用的积分公式，除了基本积分表中的几个外，再添加下面几个公式（其中常数 $a > 0$）：

$(14)\ \displaystyle\int \tan x\,\mathrm{d}x = -\ln|\cos x| + C;$

$(15)\ \displaystyle\int \cot x\,\mathrm{d}x = \ln|\sin x| + C;$

$(16)\ \displaystyle\int \sec x\,\mathrm{d}x = \ln|\sec x + \tan x| + C;$

$(17)\ \displaystyle\int \csc x\,\mathrm{d}x = \ln|\csc x - \cot x| + C;$

$(18)\ \displaystyle\int \frac{1}{a^2 + x^2}\mathrm{d}x = \frac{1}{a}\arctan\frac{x}{a} + C;$

$(19)\ \displaystyle\int \frac{1}{x^2 - a^2}\mathrm{d}x = \frac{1}{2a}\ln\left|\frac{x - a}{x + a}\right| + C;$

$(20)\ \displaystyle\int \frac{1}{\sqrt{a^2 - x^2}}\mathrm{d}x = \arcsin\frac{x}{a} + C;$

$(21)\ \displaystyle\int \frac{1}{\sqrt{x^2+a^2}}\mathrm{d}x = \ln(x+\sqrt{x^2+a^2})+C;$

$(22)\ \displaystyle\int \frac{1}{\sqrt{x^2-a^2}}\mathrm{d}x = \ln\left|x+\sqrt{x^2-a^2}\right|+C.$

例 19　求 $\displaystyle\int \frac{1}{\sqrt{4x^2+9}}\mathrm{d}x.$

解　由式(21),得

$$\int \frac{1}{\sqrt{4x^2+9}}\mathrm{d}x = \frac{1}{2}\int \frac{1}{\sqrt{x^2+\left(\frac{3}{2}\right)^2}}\mathrm{d}x = \frac{1}{2}\ln\left[x+\sqrt{x^2+\left(\frac{3}{2}\right)^2}\right]+C.$$

例 20　求 $\displaystyle\int \frac{1}{\sqrt{1+x-x^2}}\mathrm{d}x.$

解　由式(20),得

$$\int \frac{1}{\sqrt{1+x-x^2}}\mathrm{d}x = \int \frac{1}{\sqrt{\left(\frac{\sqrt{5}}{2}\right)^2-\left(x-\frac{1}{2}\right)^2}}\mathrm{d}\left(x-\frac{1}{2}\right)$$

$$= \arcsin\frac{2x-1}{\sqrt{5}}+C.$$

第三节　分部积分法

前面我们在复合函数求导法则的基础上,得到了第一类及第二类换元积分公式,利用它们已能计算出许多较为复杂的不定积分. 但是当被积函数是两个不同类型的函数之积时,例如

$$\int x\sin x\mathrm{d}x,\ \int xe^x\mathrm{d}x,\ \int x\arctan x\mathrm{d}x,\ \int x\ln x\mathrm{d}x$$

等,换元积分法就无效了. 这节我们将利用两个函数积的求导公式,得出求不定积分的另一个基本方法——分部积分法.

设函数 $u(x),v(x)$ 具有连续导数,由乘积的求导公式得 $(uv)' = u'v+uv',$

移项得 $uv' = (uv)'-u'v,$ 两边求不定积分,得

$$\int uv'\mathrm{d}x = \int (uv)'\mathrm{d}x - \int u'v\mathrm{d}x,$$

即
$$\int uv'\mathrm{d}x = uv - \int u'v\mathrm{d}x. \tag{5-3}$$

为了便于记忆,注意到 $v'\mathrm{d}x = \mathrm{d}v,u'\mathrm{d}x = \mathrm{d}u,$ 式(5-3)也可以写成

$$\int u\mathrm{d}v = uv - \int v\mathrm{d}u. \tag{5-4}$$

式(5-3)或式(5-4)都叫分部积分公式,它们将计算不定积分 $\int uv'\mathrm{d}x$ 转化为计算不定积分 $\int u'v\mathrm{d}x$,如果 $\int u'v\mathrm{d}x$ 比 $\int uv'\mathrm{d}x$ 容易计算,

则分部积分公式就起到了化难为易的作用.

例1 求 $\int x\sin x\mathrm{d}x$

解 此积分利用前面所学的方法不易求出结果. 现在试用分部积分法来求它. 但是怎样选取 u 和 $\mathrm{d}v$ 呢?

如果设 $u=x,\mathrm{d}v=\sin x\mathrm{d}x$,那么 $\mathrm{d}u=\mathrm{d}x,v=-\cos x$,于是

$$
\begin{aligned}
\int x\sin x\mathrm{d}x &= \int x(-\cos x)'\mathrm{d}x = \int x\mathrm{d}(-\cos x) \\
&= x(-\cos x) - \int x'(-\cos x)\mathrm{d}x \\
&= -x\cos x + \int\cos x\mathrm{d}x \\
&= -x\cos x + \sin x + C.
\end{aligned}
$$

本例中,显然 $\int u'v\mathrm{d}x = \int\cos x\mathrm{d}x$ 比 $\int uv'\mathrm{d}x = \int x\sin x\mathrm{d}x$ 容易计算. 若选择

$$
u=\sin x,\mathrm{d}v=x\mathrm{d}x=\left(\frac{x^2}{2}\right)'\mathrm{d}x=\mathrm{d}\left(\frac{x^2}{2}\right),
$$

则

$$
\begin{aligned}
\int x\sin x\mathrm{d}x &= \int\sin x\left(\frac{x^2}{2}\right)'\mathrm{d}x = \int\sin x\mathrm{d}\left(\frac{x^2}{2}\right) \\
&= \frac{x^2}{2}\sin x - \int\frac{x^2}{2}(\sin x)'\mathrm{d}x \\
&= \frac{x^2}{2}\sin x - \frac{1}{2}\int x^2\cos x\mathrm{d}x,
\end{aligned}
$$

而 $\int x^2\cos x\mathrm{d}x$ 的计算比 $\int x\sin x\mathrm{d}x$ 的计算还要复杂,说明这样选择 u 和 v 是不合适的,正确选择 u 和 v 十分重要,往往是积分成败的关键. 选择 u 和 v 的一般原则是:

(1) 由 $v'(x)\mathrm{d}x$ 求 $v(x)$ 时比较容易;

(2) 积分 $\int u'v\mathrm{d}x$ 容易计算,或至少比 $\int uv'\mathrm{d}x$ 容易计算.

例2 求 $\int x\mathrm{e}^x\mathrm{d}x$.

解 设 $u=x,\mathrm{d}v=\mathrm{e}^x\mathrm{d}x=\mathrm{d}\mathrm{e}^x$,于是

$$
\begin{aligned}
\int x\mathrm{e}^x\mathrm{d}x &= \int x\mathrm{d}\mathrm{e}^x = x\mathrm{e}^x - \int\mathrm{e}^x\mathrm{d}x \\
&= x\mathrm{e}^x - \mathrm{e}^x + C.
\end{aligned}
$$

一般地,凡被积函数为多项式与 $\sin ax$、$\cos ax$ 或 e^{ax} 的乘积时,总是选取多项式为 u. 这样 $\int vu'\mathrm{d}x$ 中 u' 的次数低一次,因此 $\int u'v\mathrm{d}x$ 比 $\int uv'\mathrm{d}x$ 更容易计算.

例3 求 $\int x^2\ln x\mathrm{d}x$.

解 若取 $u = x^2, dv = \ln x dx$,那么 v 不易求得. 故改选 $u = \ln x, dv = x^2 dx = d\left(\frac{1}{3}x^3\right)$,于是

$$\int x^2 \ln x dx = \int \ln x d\left(\frac{1}{3}x^3\right) = \frac{1}{3}x^3 \ln x - \int \left(\frac{1}{3}x^3\right)(\ln x)' dx$$

$$= \frac{1}{3}x^3 \ln x - \frac{1}{3}\int x^3 \frac{1}{x} dx = \frac{1}{3}x^3 \ln x - \frac{1}{9}x^3 + C.$$

例4 求 $\int x \arctan x dx$.

解 取 $u = \arctan x, dv = x dx = d\left(\frac{x^2}{2}\right)$,于是

$$\int x \arctan x dx = \int \arctan x d\left(\frac{x^2}{2}\right) = \frac{x^2}{2}\arctan x - \int \frac{x^2}{2} d\arctan x$$

$$= \frac{x^2}{2}\arctan x - \frac{1}{2}\int \frac{x^2}{1+x^2} dx$$

$$= \frac{x^2}{2}\arctan x - \frac{1}{2}\int \frac{x^2 + 1 - 1}{1+x^2} dx$$

$$= \frac{x^2}{2}\arctan x - \frac{1}{2}x + \frac{1}{2}\arctan x + C.$$

一般地,若被积函数是多项式与反三角函数或对数函数之积时,取多项式为 $v'(x)$,这样 u 的导数 u' 就为有理式或无理式,消去了积分式中的反三角函数或对数函数,而 $\int u'v dx$ 一般可以计算出来,从而可求出不定积分.

例5 求 $\int e^x \sin x dx$.

解 选取 $u = \sin x, dv = e^x dx = de^x$,于是

$$\int e^x \sin x dx = \int \sin x de^x = e^x \sin x - \int e^x d\sin x = e^x \sin x - \int e^x \cos x dx$$

对积分 $\int e^x \cos x dx$ 仍然选择 $dv = e^x dx$,于是

$$\int e^x \cos x dx = \int \cos x de^x = e^x \cos x - \int e^x d\cos x = e^x \cos x + \int e^x \sin x dx,$$

所以 $\int e^x \sin x dx = e^x \sin x - e^x \cos x - \int e^x \sin x dx.$

由于上式右端第三项就是所求的积分 $\int e^x \sin x dx$,所以将其移至等式的左边,并在等式两端同除以 2,得 $\int e^x \sin x dx = \frac{1}{2}e^x(\sin x - \cos x) + C.$

因为上式右端已不包含积分项,所以必须加上任意常数 C.

例6 求 $\int \sec^3 x dx$.

解 $\int \sec^3 x dx = \int \sec x \sec^2 x dx = \int \sec x (\tan x)' dx$

$$= \int \sec x \mathrm{d} \tan x = \sec x \tan x - \int \tan x \mathrm{d} \sec x$$

$$= \sec x \tan x - \int \tan x \sec x \tan x \mathrm{d} x$$

$$= \sec x \tan x - \int \tan^2 x \sec x \mathrm{d} x$$

$$= \sec x \tan x - \int (\sec^2 x - 1) \sec x \mathrm{d} x$$

$$= \sec x \tan x - \int \sec^3 x \mathrm{d} x + \int \sec x \mathrm{d} x$$

$$= \sec x \tan x - \int \sec^3 x \mathrm{d} x + \ln |\sec x + \tan x|.$$

所以　$\int \sec^3 x \mathrm{d} x = \dfrac{1}{2} (\sec x \tan x + \ln |\sec x + \tan x|) + C.$

　　例 5 及例 6 表明，有些不定积分在经过反复使用分部积分公式后，又出现了与所求积分形式相同的积分，于是可以像解代数方程那样从等式中解出所求的不定积分.

　　在熟悉计算方法之后，分部积分法的替换过程不必写出，只要将 u 和 $\mathrm{d} v$ 记在心里即可.

例 7　求 $\int (x^2 + 3x + 1) \ln x \mathrm{d} x.$

解　$\int (x^2 + 3x + 1) \ln x \mathrm{d} x$

$$= \int \ln x \mathrm{d} \left(\frac{1}{3} x^3 + \frac{3}{2} x^2 + x \right)$$

$$= \left(\frac{1}{3} x^3 + \frac{3}{2} x^2 + x \right) \ln x - \int \left(\frac{1}{3} x^3 + \frac{3}{2} x^2 + x \right) \mathrm{d} \ln x$$

$$= \left(\frac{1}{3} x^3 + \frac{3}{2} x^2 + x \right) \ln x - \int \left(\frac{1}{3} x^3 + \frac{3}{2} x^2 + x \right) \frac{1}{x} \mathrm{d} x$$

$$= \left(\frac{1}{3} x^3 + \frac{3}{2} x^2 + x \right) \ln x - \frac{1}{9} x^3 - \frac{3}{4} x^2 - x + C.$$

　　在求不定积分时，如果被积函数比较复杂，常常需要综合应用各种求积分的方法，举例如下：

例 8　求 $\int \arctan \sqrt{x} \mathrm{d} x.$

解　令 $\sqrt{x} = t$，则

$$\int \arctan \sqrt{x} \mathrm{d} x = \int \arctan t \mathrm{d} t^2 = t^2 \arctan t - \int t^2 \mathrm{d} \arctan t$$

$$= t^2 \arctan t - \int \frac{t^2}{1 + t^2} \mathrm{d} t$$

$$= t^2 \arctan t - \int \frac{t^2 + 1 - 1}{1 + t^2} \mathrm{d} t$$

$$= t^2 \arctan t - t + \arctan t + C$$

$$= x\arctan\sqrt{x} - \sqrt{x} + \arctan\sqrt{x} + C.$$

例 9　求 $\displaystyle\int \frac{1}{\sqrt{x}}\ln(1+x)\,\mathrm{d}x$.

解　$\displaystyle\int \frac{1}{\sqrt{x}}\ln(1+x)\,\mathrm{d}x = 2\int \ln(1+x)\,\mathrm{d}\sqrt{x}$

$$= 2\sqrt{x}\ln(1+x) - 2\int \frac{\sqrt{x}}{1+x}\,\mathrm{d}x.$$

对于 $\displaystyle\int \frac{\sqrt{x}}{1+x}\,\mathrm{d}x$, 令 $\sqrt{x} = t$, 则

$$\int \frac{\sqrt{x}}{1+x}\,\mathrm{d}x = \int \frac{t}{1+t^2}2t\,\mathrm{d}t = 2\int \frac{t^2+1-1}{1+t^2}\,\mathrm{d}t = 2(t - \arctan t) + C_1$$

$$= 2(\sqrt{x} - \arctan\sqrt{x}) + C_1$$

所以　$\displaystyle\int \frac{1}{\sqrt{x}}\ln(1+x)\,\mathrm{d}x = 2\sqrt{x}\ln(1+x) - 4\sqrt{x} + 4\arctan\sqrt{x} +$

$C(C = -2C_1)$.

例 10　设 $f(x)$ 的一个原函数是 $\dfrac{\sin x}{x}$, 求 $\displaystyle\int xf'(x)\,\mathrm{d}x$.

解　$\displaystyle\int xf'(x)\,\mathrm{d}x = \int x\,\mathrm{d}f(x) = xf(x) - \int f(x)\,\mathrm{d}x$

$$= x\left(\frac{\sin x}{x}\right)' - \frac{\sin x}{x} + C$$

$$= x\frac{x\cos x - \sin x}{x^2} - \frac{\sin x}{x} + C$$

$$= \cos x - 2\frac{\sin x}{x} + C.$$

第四节　有理函数的不定积分

前面已经介绍了求不定积分的基本方法——换元积分法和分部积分法. 下面简要地介绍有理函数的积分及可化为有理函数的积分.

一、　有理函数的积分

两个多项式的商 $\dfrac{P(x)}{Q(x)}$ 称为有理函数, 又称为有理分式. 我们总假定分子多项式 $P(x)$ 与分母多项式 $Q(x)$ 之间是没有公因式的. 当分子多项式 $P(x)$ 的次数小于分母多项式 $Q(x)$ 的次数时, 称这个有理函数为真分式, 否则称为假分式.

利用多项式的除法, 总可以将一个假分式化成一个多项式与一个真分式之和的形式, 例如 $\dfrac{2x^4+x^2+3}{x^2+1} = 2x^2 - 1 + \dfrac{4}{x^2+1}$.

对于真分式 $\dfrac{P(x)}{Q(x)}$，如果分母可分解为两个多项式的乘积

$$Q(x) = Q_1(x)Q_2(x),$$

且 $Q_1(x)$ 与 $Q_2(x)$ 没有公因式，那么它可以分拆成两个真分式之和

$$\frac{P(x)}{Q(x)} = \frac{P_1(x)}{Q_1(x)} + \frac{P_2(x)}{Q_2(x)}.$$

上述步骤称为把真分式化成部分分式之和. 如果 $Q_1(x)$ 或 $Q_2(x)$ 还能再分解成两个没有公因式的多项式的乘积，那么就可再分拆成更简单的部分分式. 最后，有理函数的分解式中只出现多项式 $\dfrac{P_1(x)}{(x-a)^k}$，$\dfrac{P_2(x)}{(x^2+px+q)^l}$ 等函数（这里 $p^2 - 4q < 0$，$P_1(x)$ 为小于 k 次的多项式，$P_2(x)$ 为小于 $2l$ 次的多项式），而多项式的积分容易求出.

下面举几个真分式的积分的例子.

例 1 求 $\displaystyle\int \frac{x+1}{x^2 - 5x + 6}\mathrm{d}x$.

解 被积函数的分母分解成 $(x-3)(x-2)$，故可设

$$\frac{x+1}{x^2 - 5x + 6} = \frac{A}{x-3} + \frac{B}{x-2},$$

其中 A、B 为待定系数. 上式两端去分母后，得

$$x + 1 = A(x-2) + B(x-3)$$

即

$$x + 1 = (A+B)x - 2A - 3B.$$

比较上式两端同次幂的系数，即有

$$\begin{cases} A + B = 1 \\ 2A + 3B = -1 \end{cases},$$

从而解得 $A = 4, B = -3$.

于是

$$\int \frac{x+1}{x^2 - 5x + 6}\mathrm{d}x = \int \left(\frac{4}{x-3} - \frac{3}{x-2} \right)\mathrm{d}x$$

$$= 4\ln|x-3| - 3\ln|x-2| + C.$$

例 2 求 $\displaystyle\int \frac{x+2}{(2x+1)(x^2+x+1)}\mathrm{d}x$.

解 设 $\dfrac{x+2}{(2x+1)(x^2+x+1)} = \dfrac{A}{2x+1} + \dfrac{Bx+C}{x^2+x+1}$，

则

$$x + 2 = A(x^2+x+1) + (Bx+C)(2x+1),$$

即

$$x + 2 = (A+2B)x^2 + (A+B+2C)x + A + C,$$

有

$$\begin{cases} A + 2B = 0 \\ A + B + 2C = 1, \\ A + C = 2 \end{cases} \quad 解得 \quad \begin{cases} A = 2 \\ B = -1, \\ C = 0 \end{cases}$$

于是

$$\int \frac{x+2}{(2x+1)(x^2+x+1)}\mathrm{d}x$$

$$= \int \left(\frac{2}{2x + 1} - \frac{x}{x^2 + x + 1} \right) \mathrm{d}x$$

$$= \ln|2x + 1| - \frac{1}{2} \int \frac{(2x + 1) - 1}{x^2 + x + 1} \mathrm{d}x$$

$$= \ln|2x + 1| - \frac{1}{2} \int \frac{\mathrm{d}(x^2 + x + 1)}{x^2 + x + 1} + \frac{1}{2} \int \frac{\mathrm{d}x}{\left(x + \frac{1}{2}\right)^2 + \frac{3}{4}}$$

$$= \ln|2x + 1| - \frac{1}{2} \ln(x^2 + x + 1) + \frac{1}{\sqrt{3}} \arctan \frac{2x + 1}{\sqrt{3}} + C.$$

例 3 求 $\int \frac{x - 3}{(x - 1)(x^2 - 1)} \mathrm{d}x.$

解 $\int \frac{x - 3}{(x - 1)(x^2 - 1)} \mathrm{d}x = \int \frac{x - 3}{(x - 1)^2 (x + 1)} \mathrm{d}x$

$$= \int \left[\frac{x - 2}{(x - 1)^2} - \frac{1}{x + 1} \right] \mathrm{d}x$$

$$= \int \frac{x - 1 - 1}{(x - 1)^2} \mathrm{d}x - \ln|x + 1|$$

$$= \ln|x - 1| + \frac{1}{x - 1} - \ln|x + 1| + C.$$

二、 可化为有理函数的积分举例

有些函数的积分也可化为有理函数的积分来解决. 例如, 对于某些简单无理函数的积分, 通过适当变换可以化为有理函数的积分; 对于三角有理函数的积分, 通过代换 $t = \tan \frac{x}{2}$ 也能化为有理函数的积分, 现举例如下.

例 4 求 $\int \frac{\sqrt{x - 3}}{x} \mathrm{d}x.$

解 为了去掉不定积分中的根式, 可以设 $\sqrt{x - 3} = t$, 则 $x = t^2 + 3$, $\mathrm{d}x = 2t\mathrm{d}t$, 于是

$$\int \frac{\sqrt{x - 3}}{x} \mathrm{d}x = \int \frac{t}{t^2 + 3} 2t\mathrm{d}t = 2 \int \frac{t^2}{t^2 + 3} \mathrm{d}t$$

$$= 2 \int \frac{t^2 + 3 - 3}{t^2 + 3} \mathrm{d}t = 2t - 2\sqrt{3} \arctan \frac{t}{\sqrt{3}} + C$$

$$= 2\sqrt{x - 3} - 2\sqrt{3} \arctan \frac{\sqrt{x - 3}}{\sqrt{3}} + C.$$

例 5 求 $\int \frac{\mathrm{d}x}{(4 - \sqrt[3]{x})\sqrt{x}}.$

解 根据题意可令 $\sqrt[6]{x} = t$, 则 $x = t^6$, $\mathrm{d}x = 6t^5 \mathrm{d}t$, 于是

$$\int \frac{\mathrm{d}x}{(4 - \sqrt[3]{x})\sqrt{x}} = \int \frac{6t^5}{(4 - t^2) t^3} \mathrm{d}t = 6 \int \frac{t^2}{4 - t^2} \mathrm{d}t$$

$$= 6\int \frac{t^2 - 4 + 4}{4 - t^2}\mathrm{d}t = -6\int \mathrm{d}t + 24\int \frac{1}{4 - t^2}\mathrm{d}t$$

$$= -6t + 6\ln\left|\frac{2 + t}{2 - t}\right| + C$$

$$= -6\sqrt[6]{x} + 6\ln\left|\frac{2 + \sqrt[6]{x}}{2 - \sqrt[6]{x}}\right| + C.$$

例 6 求 $\int \dfrac{\mathrm{d}x}{\sin x + \cos x + 1}$.

解 令 $\tan\dfrac{x}{2} = t$，则 $x = 2\arctan t, \mathrm{d}x = \dfrac{2}{1 + t^2}\mathrm{d}t$，

$$\sin x = \frac{2\tan\dfrac{x}{2}}{1 + \tan^2\dfrac{x}{2}} = \frac{2t}{1 + t^2}, \cos x = \frac{1 - \tan^2\dfrac{x}{2}}{1 + \tan^2\dfrac{x}{2}} = \frac{1 - t^2}{1 + t^2},$$

所以 $\int \dfrac{\mathrm{d}x}{\sin x + \cos x + 1} = \int \dfrac{1}{\dfrac{2t}{1 + t^2} + \dfrac{1 - t^2}{1 + t^2} + 1} \cdot \dfrac{2}{1 + t^2}\mathrm{d}t$

$$= \int \frac{1}{1 + t}\mathrm{d}t = \ln|t + 1| + C$$

$$= \ln\left|\tan\frac{x}{2} + 1\right| + C.$$

例 7 求 $\int \dfrac{\mathrm{d}x}{x^{100} + x}$.

解 令 $x = \dfrac{1}{t}$，于是有

$$\int \frac{\mathrm{d}x}{x^{100} + x} = \int \frac{1}{\dfrac{1}{t^{100}} + \dfrac{1}{t}}\left(-\frac{1}{t^2}\right)\mathrm{d}t$$

$$= -\int \frac{t^{98}}{1 + t^{99}}\mathrm{d}t = -\frac{1}{99}\int \frac{1}{1 + t^{99}}\mathrm{d}(1 + t^{99})$$

$$= -\frac{1}{99}\ln(1 + t^{99}) + C = -\frac{1}{99}\ln\left(1 + \frac{1}{x^{99}}\right) + C.$$

在本章结束之前，我们还要指出：对初等函数来说，在其定义区间上，它的原函数一定存在，但原函数不一定都是初等函数，如 $\int \mathrm{e}^{-x^2}\mathrm{d}x, \int \dfrac{\sin x}{x}\mathrm{d}x, \int \dfrac{1}{\ln x}\mathrm{d}x, \int \dfrac{1}{\sqrt{1 + x^4}}\mathrm{d}x$ 等，它们的原函数都不能表示成初等函数，我们称这种不定积分是"积不出来"的

习题五

（A）组

1. 利用基本积分表求下列不定积分：

(1) $\int \dfrac{1}{x^3}\mathrm{d}x$；

(2) $\int x^2\sqrt{x}\,\mathrm{d}x$；

(3) $\int (\sqrt{x}+1)(\sqrt[3]{x}-1)\mathrm{d}x$；

(4) $\int \dfrac{3x^4+3x^2+1}{x^2+1}\mathrm{d}x$；

(5) $\int \left(2\mathrm{e}^x+\dfrac{1}{x}\right)\mathrm{d}x$；

(6) $\int \left(\dfrac{1}{1+x^2}-\dfrac{2}{\sqrt{1-x^2}}\right)\mathrm{d}x$；

(7) $\int \dfrac{2^x-2\cdot3^x}{3^x}\mathrm{d}x$；

(8) $\int \sec x(\sec x-\tan x)\mathrm{d}x$；

(9) $\int \dfrac{1}{1+\cos 2x}\mathrm{d}x$；

(10) $\int \dfrac{\cos 2x}{\cos x-\sin x}\mathrm{d}x$；

(11) $\int \dfrac{\cos 2x}{\cos^2 x\sin^2 x}\mathrm{d}x$；

(12) $\int \dfrac{x^2}{x^2+1}\mathrm{d}x$.

2. 一曲线通过点$(1,3)$，且在任意一点处的切线的斜率等于该点横坐标的平方，求该曲线的方程.

3. 在等号右端空格线"＿＿＿"上填上适当因子，使等式成立：

(1) $x\mathrm{d}x=\underline{\hspace{2cm}}\mathrm{d}(2-x^2)$；

(2) $x^2\mathrm{e}^{x^3}\mathrm{d}x=\underline{\hspace{2cm}}\mathrm{d}(\mathrm{e}^{x^3})$；

(3) $\dfrac{1}{x}\mathrm{d}x=\underline{\hspace{2cm}}\mathrm{d}(2+5\ln x)$；

(4) $\sin 3x\mathrm{d}x=\underline{\hspace{2cm}}\mathrm{d}(\cos 3x)$；

(5) $\dfrac{x}{\sqrt{1-x^2}}\mathrm{d}x=\underline{\hspace{2cm}}\mathrm{d}\sqrt{1-x^2}$；

(6) $\dfrac{\mathrm{d}x}{\sqrt{1-9x^2}}=\underline{\hspace{2cm}}\mathrm{d}(\arccos 3x)$；

(7) $\dfrac{1}{1+4x^2}\mathrm{d}x=\underline{\hspace{2cm}}\mathrm{d}(\arctan 2x)$；

(8) $\dfrac{1}{x}\mathrm{d}x=\underline{\hspace{2cm}}\mathrm{d}(5-2\ln|x|)$.

4. 利用换元积分法求下列不定积分（其中，a,b 为常数）：

(1) $\int \mathrm{e}^{-3x}\mathrm{d}x$；

(2) $\int \dfrac{\mathrm{d}x}{\sqrt{2-3x}}$；

(3) $\int x\mathrm{e}^{-x^2}\mathrm{d}x$；

(4) $\int x^3(2-5x^4)^3\mathrm{d}x$；

(5) $\int \dfrac{4x^3}{1-x^4}\mathrm{d}x$；

(6) $\int \cos(ax+b)\mathrm{d}x$；

(7) $\int \dfrac{\sin x}{\cos^3 x}\mathrm{d}x$；

(8) $\int \cot\dfrac{x}{3}\mathrm{d}x$；

(9) $\int \dfrac{\mathrm{e}^x}{1+\mathrm{e}^x}\mathrm{d}x$；

(10) $\int \dfrac{1}{x\ln^2 x}\mathrm{d}x$；

(11) $\int \dfrac{\sin\sqrt{x}}{\sqrt{x}}\mathrm{d}x$；

(12) $\int \tan^{10}x\sec^2 x\mathrm{d}x$；

(13) $\int \cos^2 3x\mathrm{d}x$；

(14) $\int \dfrac{1}{\sin x \cos x}\mathrm{d}x$；

(15) $\int \dfrac{\mathrm{d}x}{(x+1)(x-2)}$；

(16) $\int \cos^3 x\mathrm{d}x$；

(17) $\int \tan^3 x\sec x\mathrm{d}x$；

(18) $\int \dfrac{\mathrm{e}^{\frac{1}{x}}}{x^2}\mathrm{d}x$；

(19) $\int \dfrac{2x-3}{x^2-3x+8}\mathrm{d}x$；

(20) $\int \dfrac{1}{x^2}\sin \dfrac{2}{x}\mathrm{d}x$．

5. 利用分部积分法求下列不定积分：

(1) $\int \ln^2 x\mathrm{d}x$；

(2) $\int x\cos \dfrac{x}{2}\mathrm{d}x$；

(3) $\int x^2 \arctan x\mathrm{d}x$；

(4) $\int x\tan^2 x\mathrm{d}x$；

(5) $\int x\cos^2 x\mathrm{d}x$．

6. 计算下列有理分式的积分：

(1) $\int \dfrac{3x+1}{x^2-3x+2}\mathrm{d}x$；

(2) $\int \dfrac{x^2+1}{(x+1)^2(x-1)}\mathrm{d}x$；

(3) $\int \dfrac{1}{x(x^2+1)}\mathrm{d}x$；

(4) $\int \dfrac{x^3+1}{x^3-x}\mathrm{d}x$；

(5) $\int \dfrac{x}{(x+1)(x+2)(x+3)}\mathrm{d}x$；

(6) $\int \dfrac{x}{(x^2+1)(x^2+4)}\mathrm{d}x$．

（B）组

1. 求下列不定积分：

(1) $\int \dfrac{x^2+1}{x^4+1}\mathrm{d}x$

(2) $\int \cot^2 x\mathrm{d}x$．

2. 求下列不定积分：

(1) $\int \dfrac{x^2}{\sqrt{a^2-x^2}}\mathrm{d}x \ (a>0)$；

(2) $\int \dfrac{\mathrm{d}x}{x\sqrt{x^2-1}}$；

(3) $\int \dfrac{1}{\sqrt{(x^2+1)^3}}\mathrm{d}x$；

(4) $\int \dfrac{\sqrt{x^2-9}}{x}\mathrm{d}x$；

(5) $\int \dfrac{1}{1+\sqrt{2x}}\mathrm{d}x$；

(6) $\int \dfrac{1}{1+\sqrt{1-x^2}}\mathrm{d}x$；

(7) $\int \dfrac{1}{x+\sqrt{1-x^2}}\mathrm{d}x$；

(8) $\int \dfrac{x^3+1}{(x^2+1)^2}\mathrm{d}x$．

3. 求下列不定积分：

(1) $\int \sin \sqrt{x}\mathrm{d}x$；

(2) $\int \dfrac{\ln\ln x}{x}\mathrm{d}x$；

(3) $\int \mathrm{e}^{\sqrt{x}}\mathrm{d}x$；

(4) $\int \mathrm{e}^{-x}\cos x\mathrm{d}x$；

（5）$\int \dfrac{\arcsin \sqrt{x}}{\sqrt{x}}\mathrm{d}x.$

4. 计算下列不定积分：

（1）$\int \dfrac{1}{1 + \sqrt[3]{x + 1}}\mathrm{d}x$；

（2）$\int \dfrac{1}{x}\sqrt{\dfrac{x + 1}{x}}\mathrm{d}x$；

（3）$\int \dfrac{1}{3 + \cos x}\mathrm{d}x$；

（4）$\int \dfrac{1 + \sin x}{\sin x(1 + \cos x)}\mathrm{d}x.$

5. 计算下列不定积分：

（1）$\int \dfrac{\sin x\cos^{3}x}{1 + \cos^{2}x}\mathrm{d}x$；

（2）$\int \dfrac{\mathrm{e}^{x}}{\sqrt{\mathrm{e}^{x} - 1}}\mathrm{d}x$；

（3）$\int x^{3}\mathrm{e}^{x^{2}}\mathrm{d}x$；

（4）$\int \dfrac{\ln\sin x}{\sin^{2}x}\mathrm{d}x$；

（5）$\int \dfrac{1}{\sqrt{3 + 2x - x^{2}}}\mathrm{d}x$；

（6）$\int \dfrac{\ln(x + \sqrt{1 + x^{2}})}{\sqrt{x^{2} + 1}}\mathrm{d}x$；

（7）$\int \dfrac{1}{\sin 2x + 2\sin x}\mathrm{d}x$；

（8）$\int \dfrac{1 - \ln x}{(x + \ln x)^{2}}\mathrm{d}x$；

（9）$\int \dfrac{\arctan x}{x^{2}(1 + x^{2})}\mathrm{d}x$；

（10）$\int (\arcsin x)^{2}\mathrm{d}x.$

★ 习题五参考答案
见本页二维码

第六章

定积分及其应用

本章讨论积分学中的另一个重要内容——定积分,它与不定积分有着完全不同的背景,却有深刻的内在联系,我们先从实际问题出发引出定积分的概念,然后讨论其基本性质,介绍微积分基本定理、定积分的计算方法、定积分的应用,以及广义积分初步等内容.

第一节 定积分的概念与性质

一、 定积分的概念

我们在中学已经学会计算规则图形的面积,而对于一般的平面图形的面积就不会计算了. 现在我们就用定积分的思想来解决一般平面图形的面积计算问题.

1. 曲边梯形

定义1 设函数 $y=f(x)$ 在 $[a,b]$ 上连续且 $f(x) \geqslant 0$,由直线 $x=a, x=b(a \leqslant b)$,曲线 $y=f(x)$ 及 x 轴所围成的图形(见图6-1)称为曲边梯形.

曲边梯形面积的计算:

(1) **分割** 在 $[a,b]$ 内任意插入 $n-1$ 个点:$a=x_0<x_1<x_2<\cdots<x_{n-1}<x_n=b$,把 $[a,b]$ 分成 n 个小区间:$[x_0,x_1]$,$[x_1,x_2]$,$\cdots$,$[x_{n-1},x_n]$,记第 i 个小区间的长度为 Δx_i,即 $\Delta x_i=x_i-x_{i-1}$,$i=1$,$2,\cdots,n$.

(2) **近似代替** ΔA_i 表示第 i 个小区间对应的曲边梯形的面积,则

$$\Delta A_i \approx f(\xi_i)\Delta x_i,任意 \xi_i \in [x_{i-1},x_i],i=1,2,\cdots,n.$$

(3) **求和** 设 A 为曲边梯形的面积,则 $A=\sum_{i=1}^{n}\Delta A_i \approx$

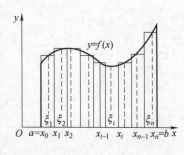

图 6-1

$$\sum_{i=1}^{n} f(\xi_i) \Delta x_i.$$

（4）取极限 $A = \lim\limits_{\lambda \to 0} \sum\limits_{i=1}^{n} f(\xi_i) \Delta x_i$，其中，

$$\lambda = \max\{\Delta x_1, \Delta x_2, \cdots, \Delta x_n\}.$$

2. 定积分的定义

定义 2 设 $f(x)$ 在区间 $[a,b]$ 上有界，在 $[a,b]$ 内任意插入 $n-1$ 个点：$a = x_0 < x_1 < x_2 < \cdots < x_{n-1} < x_n = b$，把 $[a,b]$ 分成 n 个小区间：$[x_0, x_1]$，$[x_1, x_2]$，$\cdots$，$[x_{n-1}, x_n]$，记第 i 个小区间的长度为 Δx_i，即 $\Delta x_i = x_i - x_{i-1}$ $(i = 1, 2, \cdots, n)$，在每个小区间 $[x_{i-1}, x_i]$ 上任取一点 $\xi_i \in [x_{i-1}, x_i]$，作乘积 $f(\xi_i) \Delta x_i$ 并作和式 $S = \sum\limits_{i=1}^{n} f(\xi_i) \Delta x_i$，记 $\lambda = \max\{\Delta x_1, \Delta x_2, \cdots, \Delta x_n\}$，若不论对 $[a,b]$ 怎样划分，也不论 ξ_i 在小区间 $[x_{i-1}, x_i]$ 上怎样选取，只要当 $\lambda \to 0$ 时，和式 $\sum\limits_{i=1}^{n} f(\xi_i) \Delta x_i$ 的极限存在，则称函数 $f(x)$ 在 $[a,b]$ 上可积，并把此极限值称为 $f(x)$ 在 $[a,b]$ 上的定积分$^{\ominus}$，记作 $\int_a^b f(x)\,\mathrm{d}x$，即 $\int_a^b f(x)\,\mathrm{d}x = \lim\limits_{\lambda \to 0} \sum\limits_{i=1}^{n} f(\xi_i) \Delta x_i$. 其中，称 $f(x)$ 为被积函数；$f(x)\,\mathrm{d}x$ 为被积表达式；x 为积分变量；a 为积分下限；b 为积分上限；$[a,b]$ 为积分区间.

注 （1）定积分是和式的极限，是一个常数，这个常数仅与被积函数 $f(x)$ 及积分区间 $[a,b]$ 有关，而与积分变量选用什么字母无关，即

$$\int_a^b f(x)\,\mathrm{d}x = \int_a^b f(u)\,\mathrm{d}u = \int_a^b f(t)\,\mathrm{d}t.$$

（2）$\dfrac{\mathrm{d}}{\mathrm{d}x} \int_a^b f(x)\,\mathrm{d}x = 0.$

$\ominus$ （广州大学的张景中院士）张氏定义：设 $f(x)$ 在区间 I 上有定义，如果有一个二元函数 $S(u,v)$ $(u \in I, v \in I)$，满足①可加性：对 I 上任意的 u,v,w，有 $S(u,v) + S(v,w) = S(u,w)$；②中值性：对 I 上任意的 $u < v$，在 $[u,v]$ 上必有两点 p 和 q 使 $f(p)(v-u) \leqslant S(u,v) \leqslant f(q)(v-u)$，则称 $S(u,v)$ 是 $f(x)$ 在 I 上的一个积分系统. 若 $f(x)$ 在 I 上有唯一的积分系统 $S(u,v)$，则称 $f(x)$ 在（I 的子区间）$[u,v]$ 上可积，并称数值 $S(u,v)$ 是 $f(x)$ 在 $[u,v]$ 上的定积分，记作 $S(u,v) = \int_u^v f(x)\,\mathrm{d}x$.

（中国科学院的林群院士）林氏定义：设 $f(x)$ 是 $[a,b]$ 上的初等函数，将 $[a,b]$ 全段分成 $n+1$ 段后，对于每一小段 $[x, x+h]$ 都有导数公式成立，即 $\left| \dfrac{f(x+h) - f(x)}{h} - f'(x) \right| \leqslant C \mid h \mid$，对各段的尾巴作平均，左边可转换为 $\left| \sum [f(x+h) - f(x) - f'(x)h] \right| = \left| f(b) - f(a) - \sum f'(x)h \right|$. 从而不等式成为 $\left| f(b) - f(a) - \sum f'(x)h \right| \leqslant C(\max h)$. 此即得到微积分基本公式 $f(b) - f(a) = \int_b^a f'(x)\,\mathrm{d}x$.

3. 定积分可积的充分条件与必要条件

定理 1　若 $f(x)$ 在 $[a,b]$ 上连续,则 $f(x)$ 在 $[a,b]$ 上可积.

定理 2　若 $f(x)$ 在 $[a,b]$ 上有界,且至多存在有限个间断点,则 $f(x)$ 在 $[a,b]$ 上可积.

定理 3　若 $f(x)$ 在 $[a,b]$ 上单调,则 $f(x)$ 在 $[a,b]$ 上可积.

定理 4　若 $f(x)$ 在 $[a,b]$ 上可积,则 $f(x)$ 在 $[a,b]$ 上有界.

4. 定积分的几何意义

设 $a < b$, $f(x)$ 在 $[a,b]$ 上可积,则

(1) 若 $f(x) \geq 0$, 则 $\int_a^b f(x)\mathrm{d}x$ 表示的是曲边梯形的面积.

(2) 若 $f(x) \leq 0$, 则 $\int_a^b f(x)\mathrm{d}x$ 表示的是曲边梯形的面积的负值.

(3) 若 $f(x)$ 在 $[a,b]$ 既有 $f(x) \geq 0$, 又有 $f(x) \leq 0$, 则 $\int_a^b f(x)\mathrm{d}x$ 表示的是 x 轴上方、下方曲边梯形面积的代数和(见图 6-2).

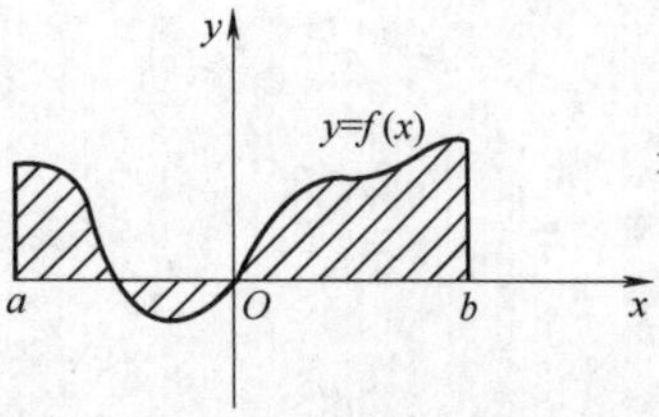

例 1　利用定积分的几何意义计算下列定积分:

(1) $\int_{-1}^1 \sqrt{1 - x^2}\mathrm{d}x$;　　　(2) $\int_0^a \sqrt{a^2 - x^2}\mathrm{d}x$ $(a > 0)$.

图 6-2

解　(1) 由定积分的几何意义知, $\int_{-1}^1 \sqrt{1 - x^2}\mathrm{d}x$ 表示的是圆 $x^2 + y^2 = 1$ 在 x 轴上方的面积.

故 $\int_{-1}^1 \sqrt{1 - x^2}\mathrm{d}x = \frac{1}{2}\pi \cdot 1^2 = \frac{1}{2}\pi$.

(2) 同理可得 $\int_0^a \sqrt{a^2 - x^2}\mathrm{d}x = \frac{1}{4}\pi a^2$.

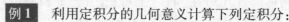

二、 定积分的性质

规定:(1) 当 $a = b$ 时, $\int_a^b f(x)\mathrm{d}x = 0$;

(2) 当 $a > b$ 时, $\int_a^b f(x)\mathrm{d}x = -\int_b^a f(x)\mathrm{d}x$.

性质 1　设函数 $f(x)$ 及 $g(x)$ 在 $[a,b]$ 上可积,则

$$\int_a^b [f(x) \pm g(x)]\mathrm{d}x = \int_a^b f(x)\mathrm{d}x \pm \int_a^b g(x)\mathrm{d}x.$$

此性质可以推广到有限个的情形.

性质 2　$\int_a^b kf(x)\mathrm{d}x = k\int_a^b f(x)\mathrm{d}x$, 其中 k 为常数.

性质 3(定积分对区间的可加性)　设函数 $f(x)$ 在 $[a,b]$ 上可积,且 $a < c < b$, 则 $\int_a^b f(x)\mathrm{d}x = \int_a^c f(x)\mathrm{d}x + \int_c^b f(x)\mathrm{d}x.$

注：参考定积分定义补充说明可知，不论 a,b,c 的相对位置如何，上式总是成立的.

性质4　若 $f(x)\equiv 1$，则 $\displaystyle\int_a^b f(x)\mathrm{d}x = \int_a^b 1\mathrm{d}x = b - a$.

性质5（不等式性质）　若在 $[a,b]$ 上，$f(x)\geqslant 0$，则

$$\int_a^b f(x)\mathrm{d}x \geqslant 0\ (a\leqslant b).$$

推论1　若在 $[a,b]$ 上，$f(x)\geqslant g(x)$，则

$$\int_a^b f(x)\mathrm{d}x \geqslant \int_a^b g(x)\mathrm{d}x\ (a\leqslant b).$$

推论2　$\displaystyle\left|\int_a^b f(x)\right|\mathrm{d}x \leqslant \int_a^b |f(x)|\mathrm{d}x\,(a\leqslant b)$.

性质6（估值定理）　设 M,m 分别是 $f(x)$ 在 $[a,b]$ 上的最大值与最小值，则

$$m(b-a)\leqslant \int_a^b f(x)\mathrm{d}x \leqslant M(b-a)\ (a\leqslant b).$$

性质7（积分中值定理）　若 $f(x)$ 在 $[a,b]$ 上连续，则至少存在一点 $\xi\in[a,b]$，使得

$$\int_a^b f(x)\mathrm{d}x = f(\xi)(b-a)\ (a\leqslant\xi\leqslant b).$$

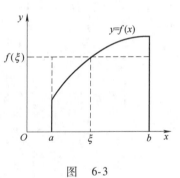

图　6-3

此时 $f(\xi)=\dfrac{\displaystyle\int_a^b f(x)\mathrm{d}x}{b-a}$ 称为 $f(x)$ 在 $[a,b]$ 上的平均值（见图 6-3）.

以上的性质与推论读者可以自行完成.

例2　比较下列各式的大小：

（1）$\displaystyle\int_1^2 \ln x\mathrm{d}x$ 与 $\int_1^2 (\ln x)^2\mathrm{d}x$；　　（2）$\displaystyle\int_0^1 \mathrm{e}^x\mathrm{d}x$ 与 $\int_0^1 (1+x)\mathrm{d}x$.

解　（1）由于在 $[1,2]$ 上，$0\leqslant \ln x < 1$，则 $\ln x \geqslant (\ln x)^2$，故 $\displaystyle\int_1^2 \ln x\mathrm{d}x \geqslant \int_1^2 (\ln x)^2\mathrm{d}x$.

（2）设 $f(x)=\mathrm{e}^x-(1+x)$，则 $f'(x)=\mathrm{e}^x-1$，在 $[0,1]$ 上，$f'(x)\geqslant 0$，便有 $f(x)$ 在 $[0,1]$ 上单调递增，即有 $f(x)\geqslant f(0)=0$，$x\in[0,1]$，故有 $\mathrm{e}^x\geqslant 1+x$，所以 $\displaystyle\int_0^1 \mathrm{e}^x\mathrm{d}x \geqslant \int_0^1 (1+x)\mathrm{d}x$.

例3　估计下列定积分的值：

（1）$\displaystyle\int_1^4 (x^2+1)\mathrm{d}x$；　　　　　　　（2）$\displaystyle\int_{-1}^2 \mathrm{e}^{-x^2}\mathrm{d}x$.

解　（1）因为在 $[1,4]$ 上，$2\leqslant x^2+1\leqslant 17$，所以 $2(4-1)\leqslant \displaystyle\int_1^4 (x^2+1)\mathrm{d}x \leqslant 17(4-1)$，即 $6\leqslant \displaystyle\int_1^4 (x^2+1)\mathrm{d}x \leqslant 51$.

（2）利用求最值的方法求得 e^{-x^2} 在 $[-1,2]$ 上的最大值与最小

值分别为 1 与 e^{-4}，故 $3e^{-4} \leqslant \int_{-1}^{2} e^{-x^2} dx \leqslant 3$.

第二节　微积分基本公式

利用定积分的定义计算定积分，其过程比较复杂，而且有时候也相当困难，这就启发我们必须寻求计算定积分的简单方法. 本节内容就来研究解决定积分的计算问题.

一、积分上限函数及其导数

1. 积分上限函数的定义

定义 1　设函数 $f(x)$ 在 $[a,b]$ 上连续，x 是 $[a,b]$ 上的任一点，$f(x)$ 在 $[a,x]$ 上的定积分 $\int_{a}^{x} f(x) dx$ 是区间 $[a,b]$ 上的函数，记为

$$\Phi(x) = \int_{a}^{x} f(x) dx, x \in [a,b],$$

称 $\Phi(x)$ 为积分上限函数或变上限积分.

注　（1）定义中的定积分 $\int_{a}^{x} f(x) dx$ 常用 $\int_{a}^{x} f(t) dt$ 代替，故积分上限函数常记作

$$\Phi(x) = \int_{a}^{x} f(t) dt, x \in [a,b].$$

（2）类似地，可以定义积分下限函数

$$\Phi(x) = \int_{x}^{b} f(t) dt, x \in [a,b].$$

2. 积分上限函数的导数

定理 1　如果函数 $f(x)$ 在 $[a,b]$ 上连续，则积分上限函数

$$\Phi(x) = \int_{a}^{x} f(t) dt$$

在 $[a,b]$ 上可导，并且它的导数为

$$\Phi'(x) = \frac{d}{dx} \int_{a}^{x} f(t) dt = f(x), x \in [a,b].$$

证　设 $x, x + \Delta x \in (a,b)$（见图 6-4），则

$$\Delta \Phi = \Phi(x + \Delta x) - \Phi(x) = \int_{a}^{x+\Delta x} f(t) dt - \int_{a}^{x} f(t) dt$$

$$= \int_{a}^{x} f(t) dt + \int_{x}^{x+\Delta x} f(t) dt - \int_{a}^{x} f(t) dt = \int_{x}^{x+\Delta x} f(t) dt.$$

因 $f(x)$ 在 $[a,b]$ 上连续，故 $f(x)$ 在 $[x, x+\Delta x]$ 或者 $[x+\Delta x, x]$ 上连续，由积分中值定理得

$$\Delta \Phi = \int_{x}^{x+\Delta x} f(t) dt = f(\xi) \Delta x, \xi \text{ 介于 } x \text{ 与 } x + \Delta x \text{ 之间}.$$

当 $\Delta x \to 0$ 时，$\xi \to x$，于是

$$\Phi'(x) = \lim_{\Delta x \to 0} \frac{\Delta \Phi}{\Delta x} = \lim_{\xi \to x} f(\xi) = f(x).$$

定理 2 如果函数 $f(x)$ 在 $[a,b]$ 上连续,则函数

$$\Phi(x) = \int_a^x f(t)\mathrm{d}t$$

就是 $f(x)$ 在 $[a,b]$ 上的一个原函数.

注 设 $\phi(x), \varphi(x)$ 均为可导函数,$f(x)$ 为连续函数,若 $\Phi(x) = \int_{\phi(x)}^{\varphi(x)} f(t)\mathrm{d}t$,则

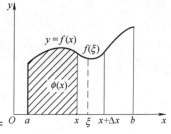

图 6-4

$$\Phi'(x) = f(\varphi(x))\varphi'(x) - f(\phi(x))\phi'(x).$$

例 1 求下列函数的导数:

(1) $f(x) = \int_0^{x^3} \cos t\mathrm{d}t$;   (2) $f(x) = \int_{x^2}^{x^3} \sqrt{1 + t^4}\mathrm{d}t$.

解 (1) $f'(x) = \cos x^3 \cdot (x^3)' = 3x^2 \cos x^3$.

(2) $f'(x) = \sqrt{1 + x^{12}} \cdot (x^3)' - \sqrt{1 + x^8} \cdot (x^2)' = 3x^2 \sqrt{1 + x^{12}} - 2x \sqrt{1 + x^8}$.

例 2 求下列各式的极限:

(1) $\lim_{x \to 0} \dfrac{\int_0^x (1 - \cos t^2)\mathrm{d}t}{x}$;   (2) $\lim_{x \to 0} \dfrac{\int_{\cos x}^1 \mathrm{e}^{-t^2}\mathrm{d}t}{x^2}$.

解 (1) $\lim_{x \to 0} \dfrac{\int_0^x (1 - \cos t^2)\mathrm{d}t}{x} = \lim_{x \to 0}(1 - \cos x^2) = 0$.

(2) $\lim_{x \to 0} \dfrac{\int_{\cos x}^1 \mathrm{e}^{-t^2}\mathrm{d}t}{x^2} = \lim_{x \to 0} \dfrac{\sin x \mathrm{e}^{-\cos^2 x}}{2x} = \lim_{x \to 0} \dfrac{\mathrm{e}^{-\cos^2 x}}{2} = \dfrac{1}{2\mathrm{e}}$.

二、 牛顿-莱布尼茨公式

定理 3 如果函数 $F(x)$ 是连续函数 $f(x)$ 在区间 $[a,b]$ 的一个原函数,则

$$\int_a^b f(x)\mathrm{d}x = F(b) - F(a).$$

此公式叫作牛顿 – 莱布尼茨公式,也称为微积分基本公式.

证 因 $F(x)$ 和 $\Phi(x) = \int_a^x f(t)\mathrm{d}t$ 都是 $f(x)$ 的原函数,故它们只相差一个常数,即有

$$\Phi(x) = F(x) + C, C \text{ 为待定的常数}.$$

由 $\Phi(a) = \int_a^a f(t)\mathrm{d}t = 0$ 得 $C = -F(a)$. 于是,有

$$\Phi(x) = F(x) - F(a).$$

令 $x = b$，即得 $\Phi(b) = \int_a^b f(t)\,\mathrm{d}t = F(b) - F(a)$，

即

$$\int_a^b f(x)\,\mathrm{d}x = F(b) - F(a).$$

通常，记 $F(b) - F(a) = F(x)\big|_a^b$ 或者 $F(b) - F(a) = \big[F(x)\big]_a^b$，即有

$$\int_a^b f(x)\,\mathrm{d}x = F(x)\big|_a^b = F(b) - F(a) \text{ 或者}$$

$$\int_a^b f(x)\,\mathrm{d}x = \big[F(x)\big]_a^b = F(b) - F(a).$$

例3 求下列定积分：

(1) $\int_{-1}^1 \dfrac{1}{1+x^2}\,\mathrm{d}x$；　　(2) $\int_4^9 \sqrt{x}(1 + \sqrt{x})\,\mathrm{d}x$.

解 (1) $\int_{-1}^1 \dfrac{1}{1+x^2}\,\mathrm{d}x = \arctan x\,\Big|_{-1}^1 = \dfrac{\pi}{4} - \left(-\dfrac{\pi}{4}\right) = \dfrac{\pi}{2}$.

(2) $\int_4^9 \sqrt{x}(1 + \sqrt{x})\,\mathrm{d}x = \int_4^9 (\sqrt{x} + x)\,\mathrm{d}x = \left(\dfrac{2}{3}x^{\frac{3}{2}} + \dfrac{x^2}{2}\right)\Big|_4^9 = \dfrac{271}{6}$.

求定积分时，我们只需找到被积函数的一个原函数（通常是不带任意常数的原函数），然后利用牛顿-莱布尼茨公式即可.

例4 求定积分 $\int_{-1}^3 |2 - x|\,\mathrm{d}x$.

解 当 $-1 \leqslant x \leqslant 2$ 时，$|2 - x| = 2 - x$；当 $2 < x \leqslant 3$ 时，$|2 - x| = x - 2$，

则 $\int_{-1}^3 |2 - x|\,\mathrm{d}x = \int_{-1}^2 (2 - x)\,\mathrm{d}x + \int_2^3 (x - 2)\,\mathrm{d}x = \left(2x - \dfrac{x^2}{2}\right)\Big|_{-1}^2 +$

$\left(\dfrac{x^2}{2} - 2x\right)\Big|_2^3 = 5$.

注 对于被积函数含有绝对值的情况，应先去绝对值，然后利用定积分对积分区间的可加性求解.

第三节　定积分的换元法和分部积分法

牛顿-莱布尼茨公式把计算定积分转化为求原函数的增量，于是不定积分的换元积分法与分部积分法在定积分中也有相应的法则.

一、定积分的换元法

定理1 设函数 $f(x)$ 在区间 $[a, b]$ 上连续，函数 $x = \varphi(t)$ 满足条件：

(1) $\varphi(\alpha) = a, \varphi(\beta) = b$；

(2) $\varphi(t)$ 是定义在 $[\alpha, \beta]$ 上的单调连续函数，且具有连续的导

数,则有换元积分公式:

$$\int_a^b f(x)\,\mathrm{d}x = \int_\alpha^\beta f(\varphi(t))\varphi'(t)\,\mathrm{d}t.$$

证 设 $F(x)$ 是 $f(x)$ 的一个原函数,则 $\int_a^b f(x)\,\mathrm{d}x = F(b) - F(a)$,又 $F(\varphi(t))$ 的导数是 $f(\varphi(t))\varphi'(t)$,所以 $F(\varphi(t))$ 是 $f(\varphi(t))\varphi'(t)$ 的一个原函数,故有

$$\int_\alpha^\beta f(\varphi(t))\varphi'(t)\,\mathrm{d}t = F(\varphi(\beta)) - F(\varphi(\alpha)) = F(b) - F(a),$$

即

$$\int_a^b f(x)\,\mathrm{d}x = \int_\alpha^\beta f(\varphi(t))\varphi'(t)\,\mathrm{d}t.$$

注 (1) 用定积分换元法计算定积分时,替换的部分有三个:被积函数 $f(x)$ 换为 $f(\varphi(t))$;$\mathrm{d}x$ 换为 $\varphi'(t)\mathrm{d}t$;积分上下限对应一一换掉.

(2) 用定积分换元法计算定积分时,只要算出换元之后的定积分的值即可,不必将变量回代,这是定积分的换元法与不定积分的换元法的区别所在.

例1 求下列定积分(凑微分法):

$(1)\ \displaystyle\int_1^e \frac{\ln x}{x}\mathrm{d}x$; $(2)\ \displaystyle\int_0^{\frac{\pi}{2}} \cos^5 x \cdot \sin x\mathrm{d}x.$

解 $(1)\ \displaystyle\int_1^e \frac{\ln x}{x}\mathrm{d}x = \int_1^e \ln x\mathrm{d}\ln x = \frac{\ln^2 x}{2}\Big|_1^e = \frac{1}{2}.$

$(2)\ \displaystyle\int_0^{\frac{\pi}{2}} \cos^5 x \cdot \sin x\mathrm{d}x = -\int_0^{\frac{\pi}{2}} \cos^5 x\mathrm{d}\cos x = \frac{\cos^6 x}{6}\Big|_0^{\frac{\pi}{2}} = -\frac{1}{6}.$

例2 求下列定积分(第二类换元法):

$(1)\ \displaystyle\int_1^5 \frac{1}{1 + \sqrt{x-1}}\mathrm{d}x$; $(2)\ \displaystyle\int_0^{\sqrt{2}} \sqrt{2 - x^2}\mathrm{d}x.$

解 (1) 令 $\sqrt{x-1} = t$,则 $x = t^2 + 1$,$\mathrm{d}x = 2t\mathrm{d}t$. 当 $x = 1$ 时,$t = 0$;当 $x = 5$ 时,$t = 2$.

故 $\displaystyle\int_1^5 \frac{1}{1 + \sqrt{x-1}}\mathrm{d}x = \int_0^2 \frac{1}{1+t} \cdot 2t\mathrm{d}t = \int_0^2 \left(2 - \frac{2}{1+t}\right)\mathrm{d}t =$
$[2t - 2\ln(1+t)]\big|_0^2 = 4 - 2\ln 3.$

(2) 令 $x = \sqrt{2}\sin t$,则 $\mathrm{d}x = \sqrt{2}\cos t\mathrm{d}t$. 当 $x = 0$ 时,$t = 0$;当 $x = \sqrt{2}$ 时,$t = \frac{\pi}{2}$.

故 $\displaystyle\int_0^{\sqrt{2}} \sqrt{2 - x^2}\mathrm{d}x = \int_0^{\frac{\pi}{2}} \sqrt{2}\cos t \cdot \sqrt{2}\cos t\mathrm{d}t = \int_0^{\frac{\pi}{2}} (\cos 2t + 1)\mathrm{d}t$

$$= \left(\frac{\sin 2t}{2} + t\right)\Big|_0^{\frac{\pi}{2}} = \frac{\pi}{2}.$$

事实上,本题用定积分的几何意义解更为简单,读者可以尝试.

例3 若 $f(x)$ 在 $[a,b]$ 上连续,证明: $\int_a^b f(x)\mathrm{d}x = \int_a^b f(a+b-x)\mathrm{d}x$.

证 令 $t = a+b-x$,则 $\mathrm{d}x = -\mathrm{d}t$,当 $x = a$ 时,$t = b$;当 $x = b$ 时,$t = a$.

则　　右边 $= -\int_b^a f(t)\mathrm{d}t = \int_a^b f(t)\mathrm{d}t = \int_a^b f(x)\mathrm{d}x =$ 左边.

例4 若 $f(x)$ 在 $[0,1]$ 上连续,证明: $\int_0^{\frac{\pi}{2}} f(\sin x)\mathrm{d}x = \int_0^{\frac{\pi}{2}} f(\cos x)\mathrm{d}x$.

证 令 $x = \dfrac{\pi}{2} - t$,则 $\mathrm{d}x = -\mathrm{d}t$,当 $x = 0$ 时,$t = \dfrac{\pi}{2}$;当 $x = \dfrac{\pi}{2}$ 时,$t = 0$.

则　　左边 $= -\int_{\frac{\pi}{2}}^0 f(\cos t)\mathrm{d}t = \int_0^{\frac{\pi}{2}} f(\cos t)\mathrm{d}t = \int_0^{\frac{\pi}{2}} f(\cos x)\mathrm{d}x =$ 右边.

注 由例3也可证明此题(读者自证).

二、 定积分的偶倍奇零性质

定理2 设 $f(x)$ 在 $[-a,a]$ 上连续,则

(1) 若 $f(x)$ 为偶函数,则 $\int_{-a}^a f(x)\mathrm{d}x = 2\int_0^a f(x)\mathrm{d}x$;

(2) 若 $f(x)$ 为奇函数,则 $\int_{-a}^a f(x)\mathrm{d}x = 0$.

证 (1) $\int_{-a}^a f(x)\mathrm{d}x = \int_{-a}^0 f(x)\mathrm{d}x + \int_0^a f(x)\mathrm{d}x$.

对于 $\int_{-a}^0 f(x)\mathrm{d}x$,令 $x = -t$,则

$$\int_{-a}^0 f(x)\mathrm{d}x = -\int_a^0 f(-t)\mathrm{d}t = \int_0^a f(t)\mathrm{d}t,$$

故　$\int_{-a}^a f(x)\mathrm{d}x = \int_{-a}^0 f(x)\mathrm{d}x + \int_0^a f(x)\mathrm{d}x = \int_0^a f(x)\mathrm{d}x + \int_0^a f(x)\mathrm{d}x$

$$= 2\int_0^a f(x)\mathrm{d}x.$$

对于(2)同理可证.

注 由证明过程可得更一般的结论: $\int_{-a}^a f(x)\mathrm{d}x = \int_0^a [f(-x) + f(x)]\mathrm{d}x$.

例5 求下列定积分:

(1) $\displaystyle\int_{-3}^{3} \frac{x\sin^2 x}{(x^4 + 2x^2 + 1)^3}\mathrm{d}x$；　　　　(2) $\displaystyle\int_{-1}^{1}(x^2 - x + \tan x)\mathrm{d}x$.

解　(1) 在 $[-3,3]$ 上，$\dfrac{x\sin^2 x}{(x^4 + 2x^2 + 1)^3}$ 为奇函数，故

$$\int_{-3}^{3}\frac{x\sin^2 x}{(x^4 + 2x^2 + 1)^3}\mathrm{d}x = 0.$$

(2) 在 $[-1,1]$ 上，x^2 为偶函数，$-x$、$\tan x$ 均为奇函数，

故 $\displaystyle\int_{-1}^{1}(x^2 - x + \tan x)\mathrm{d}x = \int_{-1}^{1}x^2\mathrm{d}x = 2\int_{0}^{1}x^2\mathrm{d}x = \frac{2}{3}x^3\Big|_{0}^{1} = \frac{2}{3}.$

三、 定积分的分部积分法

定理3　若函数 $u(x)$，$v(x)$ 在区间 $[a,b]$ 上均有连续的导数，则有定积分的分部积分公式：

$$\int_{a}^{b}u(x)v'(x)\mathrm{d}x = u(x)v(x)\Big|_{a}^{b} - \int_{a}^{b}u'(x)v(x)\mathrm{d}x.$$

证　因为 $[u(x)v(x)]' = u'(x)v(x) + u(x)v'(x)$，故有

$$\int_{a}^{b}[u'(x)v(x) + u(x)v'(x)]\mathrm{d}x = \int_{a}^{b}[u(x)v(x)]'\mathrm{d}x = u(x)v(x)\Big|_{a}^{b},$$

即　　　$\displaystyle\int_{a}^{b}u(x)v'(x)\mathrm{d}x + \int_{a}^{b}u'(x)v(x)\mathrm{d}x = u(x)v(x)\Big|_{a}^{b},$

移项即得 $\displaystyle\int_{a}^{b}u(x)v'(x)\mathrm{d}x = u(x)v(x)\Big|_{a}^{b} - \int_{a}^{b}u'(x)v(x)\mathrm{d}x.$

例6　求下列定积分（分部积分法）：

(1) $\displaystyle\int_{0}^{\frac{1}{2}}\arcsin x\mathrm{d}x$；　(2) $\displaystyle\int_{0}^{1}\ln(1 + x^2)\mathrm{d}x$；　(3) $\displaystyle\int_{0}^{\ln 2}x\mathrm{e}^{-x}\mathrm{d}x$.

解　(1) $\displaystyle\int_{0}^{\frac{1}{2}}\arcsin x\mathrm{d}x = x\arcsin x\Big|_{0}^{\frac{1}{2}} - \int_{0}^{\frac{1}{2}}\frac{x}{\sqrt{1 - x^2}}\mathrm{d}x$

$$= \frac{\pi}{12} + \frac{1}{2}\int_{0}^{\frac{1}{2}}\frac{1}{\sqrt{1 - x^2}}\mathrm{d}(1 - x^2)$$

$$= \frac{\pi}{12} + \sqrt{1 - x^2}\Big|_{0}^{\frac{1}{2}} = \frac{\pi}{12} + \frac{\sqrt{3}}{2} - 1.$$

(2) $\displaystyle\int_{0}^{1}\ln(1 + x^2)\mathrm{d}x = x\ln(1 + x^2)\Big|_{0}^{1} - \int_{0}^{1}\frac{2x^2}{1 + x^2}\mathrm{d}x$

$$= \ln 2 - 2\int_{0}^{1}\left(1 - \frac{1}{1 + x^2}\right)\mathrm{d}x$$

$$= \ln 2 - 2(x - \arctan x)\Big|_{0}^{1} = \ln 2 - 2 + \frac{\pi}{2}.$$

(3) $\displaystyle\int_{0}^{\ln 2}x\mathrm{e}^{-x}\mathrm{d}x = -\int_{0}^{\ln 2}x\mathrm{d}\mathrm{e}^{-x}$

$$= -x\mathrm{e}^{-x}\Big|_{0}^{\ln 2} + \int_{0}^{\ln 2}\mathrm{e}^{-x}\mathrm{d}x$$

$$= -\frac{\ln 2}{2} - e^{-x}\Big|_0^{\ln 2} = \frac{1-\ln 2}{2}.$$

例7　设函数 $f(x)$ 在 $[0,2]$ 上有二阶连续的导数, $f(0) = f(2)$, $f'(2) = 1$, 求 $\int_0^1 2xf''(2x)\,dx$.

解　令 $2x = t$, 即 $x = \frac{t}{2}$, 则 $dx = \frac{dt}{2}$, 当 $x = 0$ 时, $t = 0$; 当 $x = 1$ 时, $t = 2$. 则

$$\int_0^1 2xf''(2x)\,dx = \frac{1}{2}\int_0^2 tf''(t)\,dt = \frac{1}{2}\int_0^2 t\,df'(t)$$

$$= \frac{1}{2}\int_0^2 t\,df'(t) = \frac{1}{2}tf'(t)\Big|_0^2 - \frac{1}{2}\int_0^2 f'(t)\,dt$$

$$= 1 - \frac{1}{2}f(t)\Big|_0^2 = 1.$$

第四节　广义积分初步

前面我们学习了定积分的计算方法,它们都是在有限的区间且被积函数连续或有界的条件下进行的.但实际上,我们还会经常遇到积分区间为无穷区间,或者被积函数为无界函数的情形,对于这些类型的积分又该如何计算呢? 这节我们就来解决这个问题.

一、无穷限的广义积分

定义1　设函数 $f(x)$ 在区间 $[a, +\infty)$ 上连续,取 $t > a$,如果极限

$$\lim_{t\to+\infty}\int_a^t f(x)\,dx$$

存在,则称此极限为函数 $f(x)$ 在无穷区间 $[a, +\infty)$ 上的广义积分,记作 $\int_a^{+\infty} f(x)\,dx$,即

$$\int_a^{+\infty} f(x)\,dx = \lim_{t\to+\infty}\int_a^t f(x)\,dx.$$

此时也称广义积分 $\int_a^{+\infty} f(x)\,dx$ 收敛,否则,称广义积分 $\int_a^{+\infty} f(x)\,dx$ 发散.

类似地,可以定义广义积分 $\int_{-\infty}^b f(x)\,dx$ 和 $\int_{-\infty}^{+\infty} f(x)\,dx$ 的敛散性.

(1) 若 $\lim_{u\to-\infty}\int_u^b f(x)\,dx$ 存在,则称 $\int_{-\infty}^b f(x)\,dx$ 收敛,否则,称 $\int_{-\infty}^b f(x)\,dx$ 发散;

(2) 设 c 是 $(-\infty,+\infty)$ 区间内的任一实数，$\int_{-\infty}^{+\infty} f(x)\,\mathrm{d}x =$

$\int_{-\infty}^{c} f(x)\,\mathrm{d}x + \int_{c}^{+\infty} f(x)\,\mathrm{d}x$，若 $\int_{-\infty}^{c} f(x)\,\mathrm{d}x$ 与 $\int_{c}^{+\infty} f(x)\,\mathrm{d}x$ 都收敛，则称

$\int_{-\infty}^{+\infty} f(x)\,\mathrm{d}x$ 收敛.

上述的三种广义积分称为无穷限的广义积分，广义积分也称为反常积分.

注 利用牛顿-莱布尼茨公式和求极限的方法判断广义积分的敛散性，为了书写方便，我们可以采用下面的记法：

设 $F(x)$ 是 $f(x)$ 的一个原函数

(1) $\displaystyle\int_{a}^{+\infty} f(x)\,\mathrm{d}x = \lim_{t\to+\infty}\int_{a}^{t} f(x)\,\mathrm{d}x = F(x)\Big|_{a}^{+\infty}$

$\qquad\qquad = \lim_{x\to+\infty} F(x) - F(a) = F(+\infty) - F(a);$

(2) $\displaystyle\int_{-\infty}^{b} f(x)\,\mathrm{d}x = \lim_{u\to-\infty}\int_{u}^{b} f(x)\,\mathrm{d}x = F(x)\Big|_{-\infty}^{b}$

$\qquad\qquad = F(b) - \lim_{x\to-\infty} F(x) = F(b) - F(-\infty);$

(3) $\displaystyle\int_{-\infty}^{+\infty} f(x)\,\mathrm{d}x = F(x)\Big|_{-\infty}^{+\infty} = \lim_{x\to+\infty} F(x) - \lim_{x\to-\infty} F(x) =$

$F(+\infty) - F(-\infty).$

例 1 判断下列广义积分的敛散性，若收敛，求其值.

(1) $\displaystyle\int_{2}^{+\infty} \frac{1}{x^2+x-2}\mathrm{d}x$； (2) $\displaystyle\int_{-\infty}^{+\infty} \frac{1}{1+x^2}\mathrm{d}x$.

解 (1) $\displaystyle\int_{2}^{+\infty} \frac{1}{x^2+x-2}\mathrm{d}x = \int_{2}^{+\infty} \frac{1}{(x-1)(x+2)}\mathrm{d}x$

$\qquad\qquad = \frac{1}{3}\int_{2}^{+\infty}\left(\frac{1}{x-1} - \frac{1}{x+2}\right)\mathrm{d}x$

$\qquad\qquad = \frac{1}{3}\ln\frac{x-1}{x+2}\Big|_{2}^{+\infty} = \frac{2}{3}\ln 2,$

故原广义积分收敛，其值为 $\dfrac{2}{3}\ln 2$.

(2) $\displaystyle\int_{-\infty}^{+\infty} \frac{1}{1+x^2}\mathrm{d}x = \arctan x\Big|_{-\infty}^{+\infty} = \frac{\pi}{2} - \left(-\frac{\pi}{2}\right) = \pi,$

故原广义积分收敛，其值为 π.

例 2 讨论广义积分 $\displaystyle\int_{a}^{+\infty} \frac{1}{x^p}\mathrm{d}x$ 的敛散性，其中，$a > 0$.

解 当 $p = 1$ 时，$\displaystyle\int_{a}^{+\infty} \frac{1}{x^p}\mathrm{d}x = \int_{a}^{+\infty} \frac{1}{x}\mathrm{d}x = \ln x\Big|_{a}^{+\infty} = +\infty$；

当 $p < 1$ 时，$\displaystyle\int_{a}^{+\infty} \frac{1}{x^p}\mathrm{d}x = \frac{x^{1-p}}{1-p}\Big|_{a}^{+\infty} = +\infty$；

当 $p > 1$ 时，$\int_a^{+\infty} \frac{1}{x^p}\mathrm{d}x = \left.\frac{x^{1-p}}{1-p}\right|_a^{+\infty} = \frac{a^{1-p}}{p-1}.$

综上可知，当 $p \leqslant 1$ 时，$\int_a^{+\infty} \frac{1}{x^p}\mathrm{d}x$ 发散；当 $p > 1$ 时，$\int_a^{+\infty} \frac{1}{x^p}\mathrm{d}x$ 收敛.

二、 无界函数的广义积分（瑕积分）

如果 $f(x)$ 在 a 的任一邻域内都无界，则称 a 为 $f(x)$ 的瑕点.

如 $f(x) = \frac{1}{x}$ 在 $x = 0$ 的任一邻域内都无界，所以 $x = 0$ 是 $f(x) = \frac{1}{x}$ 的一个瑕点.

定义 2 设函数 $f(x)$ 在区间 $(a, b]$ 上连续，点 a 为 $f(x)$ 的瑕点 $\left[\text{即}\lim\limits_{x \to a^+} f(x) = \infty\right]$，取 $t > a$，如果极限 $\lim\limits_{t \to a^+} \int_t^b f(x)\mathrm{d}x$ 存在，则称此极限为函数 $f(x)$ 在区间 $(a, b]$ 上的广义积分，记作 $\int_a^b f(x)\mathrm{d}x$，即 $\int_a^b f(x)\mathrm{d}x = \lim\limits_{t \to a^+} \int_t^b f(x)\mathrm{d}x$. 此时也称广义积分 $\int_a^b f(x)\mathrm{d}x$ 收敛，否则，称广义积分 $\int_a^b f(x)\mathrm{d}x$ 发散. 无界函数的广义积分也称为瑕积分.

类似地，可以定义以点 b 为瑕点的广义积分 $\int_a^b f(x)\mathrm{d}x$ 和以点 $c(a < c < b)$ 为瑕点的广义积分 $\int_a^b f(x)\mathrm{d}x$ 的敛散性.

（1）$f(x)$ 在区间 $[a, b)$ 上连续，点 b 为 $f(x)$ 的瑕点，若 $\lim\limits_{u \to b^-} \int_a^u f(x)\mathrm{d}x$ 存在，则称 $\int_a^b f(x)\mathrm{d}x$ 收敛，否则，称 $\int_a^b f(x)\mathrm{d}x$ 发散；

（2）设 $f(x)$ 在区间 $[a, b]$ 上除点 c 外处处连续 $[c \in (a, b)]$，则称点 c 为瑕点，

$$\int_a^b f(x)\mathrm{d}x = \int_a^c f(x)\mathrm{d}x + \int_c^b f(x)\mathrm{d}x,$$

若 $\int_a^c f(x)\mathrm{d}x$ 与 $\int_c^b f(x)\mathrm{d}x$ 都收敛，则称 $\int_a^b f(x)\mathrm{d}x$ 收敛.

上述的三种广义积分称为无界函数的广义积分，也称为瑕积分.

注 利用牛顿-莱布尼茨公式和求极限的方法可以判断广义积分的敛散性，为了书写方便，我们可以采用下面的记法：

设 $F(x)$ 是 $f(x)$ 的一个原函数

（1）点 a 为 $f(x)$ 的瑕点，则

$$\int_a^b f(x)\mathrm{d}x = \lim\limits_{t \to a^+} \int_t^b f(x)\mathrm{d}x = \left.F(x)\right|_a^b$$
$$= F(b) - \lim\limits_{x \to a^+} F(x) = F(b) - F(a).$$

（2）点 b 为 $f(x)$ 的瑕点,则

$$\int_a^b f(x)\mathrm{d}x = \lim_{u\to b^-}\int_a^u f(x)\mathrm{d}x = F(x)\Big|_a^b$$
$$= \lim_{x\to b^-}F(x) - F(a) = F(b) - F(a).$$

（3）点 c 为瑕点 $(a < c < b)$,则

$$\int_a^b f(x)\mathrm{d}x = F(x)\Big|_a^c + F(x)\Big|_c^b$$
$$= \Big[\lim_{x\to c^-}F(x) - F(a)\Big] + \Big[F(b) - \lim_{x\to c^+}F(x)\Big].$$

例 3　讨论下列积分的敛散性:

（1）$\displaystyle\int_1^2 \frac{1}{x-1}\mathrm{d}x$；　　（2）$\displaystyle\int_{-1}^1 \frac{1}{x^2}\mathrm{d}x$.

解　（1）$\displaystyle\int_1^2 \frac{1}{x-1}\mathrm{d}x = \ln(x-1)\Big|_1^2 = -\infty$,

故原广义积分发散.

（2）$\displaystyle\int_{-1}^1 \frac{1}{x^2}\mathrm{d}x = \int_{-1}^0 \frac{1}{x^2}\mathrm{d}x + \int_0^1 \frac{1}{x^2}\mathrm{d}x$,

因为 $\displaystyle\int_0^1 \frac{1}{x^2}\mathrm{d}x = -\frac{1}{x}\Big|_0^1 = +\infty$,故原广义积分发散.

例 4　讨论 $\displaystyle\int_a^b \frac{1}{(x-a)^p}\mathrm{d}x$ 的敛散性.

解　当 $p = 1$ 时,$\displaystyle\int_a^b \frac{1}{(x-a)^p}\mathrm{d}x = \int_a^b \frac{1}{x-a}\mathrm{d}x = \ln(x-a)\Big|_a^b = +\infty$;

当 $p < 1$ 时,$\displaystyle\int_a^b \frac{1}{(x-a)^p}\mathrm{d}x = \frac{(x-a)^{1-p}}{1-p}\Big|_a^b = \frac{(b-a)^{1-p}}{1-p}$;

当 $p > 1$ 时,$\displaystyle\int_a^b \frac{1}{(x-a)^p}\mathrm{d}x = \frac{(x-a)^{1-p}}{1-p}\Big|_a^b = +\infty$.

综上可知,当 $p \geqslant 1$ 时,$\displaystyle\int_a^b \frac{1}{(x-a)^p}\mathrm{d}x$ 发散;当 $p < 1$ 时,

$\displaystyle\int_a^b \frac{1}{(x-a)^p}\mathrm{d}x$ 收敛.

第五节　定积分的应用

在前几节中,我们介绍了定积分的基本理论与计算方法. 本节将介绍应用定积分的知识解决实际问题的主要方法——元素法以及定积分的几个简单的应用实例.

一、定积分的元素法

在定积分的几何应用中,经常要利用元素法解决问题,下面我们

就来了解一下什么叫元素法.

一般地,在实际问题中,所求的量 T 是与函数 $f(x)$ 相关的量,且如果能满足下列的条件,就可以考虑用定积分来表示:

(1) T 是一个与变量 x 的变化区间 $[a,b]$ 有关的量;

(2) T 对于区间 $[a,b]$ 具有可加性;

(3) 部分量 $\Delta T_i \approx f(\xi_i)\Delta x_i$.

求满足上述条件的变量 T 的具体步骤:

(1) 依据实际情况,选取一个变量如 x,并确定其变化区间 $[a,b]$;

(2) 在 $[a,b]$ 上任取一个小区间 $[x,x+\Delta x]$,在 $[x,x+\Delta x]$ 上求出变量 T 的近似值 $f(x)\mathrm{d}x$,把 $f(x)\mathrm{d}x$ 称为变量 T 的元素或微元,记为 $\mathrm{d}T$,即

$$\mathrm{d}T = f(x)\mathrm{d}x;$$

(3) 以 $f(x)\mathrm{d}x$ 作为被积表达式,在 $[a,b]$ 上作定积分,就为 T 的值,即

$$T = \int_a^b \mathrm{d}T = \int_a^b f(x)\mathrm{d}x.$$

以上这种方法称为元素法或微元法.

二、 平面图形的面积

根据定积分的几何意义,我们知道曲边梯形的面积可以用定积分表示,而对于一个平面图形总是可以分割成若干个曲边梯形,进而转化为计算定积分的问题. 为了便于读者对平面图形面积公式的掌握,下面我们分两种情况来讨论:

1. x-型平面图形

由曲线 $y=f(x)$,$y=g(x)$,及直线 $x=a$,$x=b(a \leqslant b)$ 所围成的平面图形,称为 x-型平面图形(见图 6-5).

此类型的平面图形的面积为

$$A = \int_a^b |f(x)-g(x)|\mathrm{d}x$$

$$= \begin{cases} \int_a^b [f(x)-g(x)]\mathrm{d}x, & f(x) \geqslant g(x) \\ \int_a^b [g(x)-f(x)]\mathrm{d}x, & f(x) < g(x) \end{cases}.$$

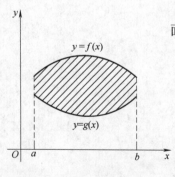

图 6-5

2. y-型平面图形

由曲线 $x=\varphi(y)$,$x=\phi(y)$,及直线 $y=c$,$y=d(c \leqslant d)$ 所围成的平面图形,称为 y-型平面图形(见图 6-6).

此类型的平面图形的面积为

$$A = \int_c^d |\varphi(y)-\phi(y)|\mathrm{d}y$$

$$= \begin{cases} \int_c^d [\varphi(y) - \phi(y)] \mathrm{d}y, \varphi(y) \geqslant \phi(y) \\ \int_c^d [\phi(y) - \varphi(y)] \mathrm{d}y, \varphi(y) < \phi(y) \end{cases}.$$

上述平面图形的面积计算公式由元素法立即就可以得到. 对于一般复杂的平面图形,用平行于坐标轴的直线总是可以把该平面图形分成若干个 x-型平面图形或 y-型平面图形.

注 求平面图形面积的一般步骤:

(1) 根据题意画出平面图形的草图,有交点的要求出交点的坐标;

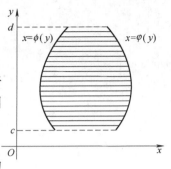

图 6-6

(2) 由草图来确定是选用 x-型平面图形的计算公式还是 y-型平面图形的计算公式;

(3) 计算定积分.

例1 计算由抛物线 $y^2 = x$ 和 $y = x^2$ 所围成的图形的面积.

解 所求平面图形如图6-7所示.

由 $\begin{cases} y^2 = x \\ y = x^2 \end{cases}$, 解之得 $\begin{cases} x_1 = 0 \\ y_1 = 0 \end{cases}$ 或 $\begin{cases} x_2 = 1 \\ y_2 = 1 \end{cases}$.

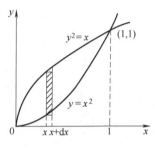

图 6-7

将平面图形看作 x-型平面图形,则

$$A = \int_0^1 (\sqrt{x} - x^2) \mathrm{d}x = \left(\frac{2}{3} x^{\frac{3}{2}} - \frac{x^3}{3} \right) \Big|_0^1 = \frac{1}{3}.$$

当然本题也可以将平面图形看作是 y-型平面图形进行求解.

例2 计算抛物线 $y^2 = 2x$ 与直线 $y = x - 4$ 所围成的图形的面积.

解 该平面图形如图6-8所示.

由 $\begin{cases} y^2 = 2x \\ y = x - 4 \end{cases}$, 解之得 $\begin{cases} x_1 = 2 \\ y_1 = -2 \end{cases}$ 或 $\begin{cases} x_2 = 8 \\ y_2 = 4 \end{cases}$.

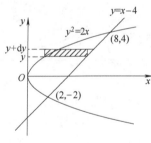

将平面图形看作 y-型平面图形,则

$$A = \int_{-2}^4 \left[(y + 4) - \frac{y^2}{2} \right] \mathrm{d}y = \left(\frac{y^2}{2} + 4y - \frac{y^3}{6} \right) \Big|_{-2}^4 = 18.$$

图 6-8

读者也可以尝试把该平面图形看作是 x-型平面图形来求其面积.

三、 体积

1. 旋转体的体积

(1) 旋转体的定义

一个平面图形绕该平面内的一条直线旋转一周所形成的几何体,称为旋转体.

(2) 由曲线 $y = f(x)$,直线 $x = a, x = b (a < b)$ 及 x 轴围成的平面图形绕 x 轴旋转一周所得的旋转体(见图6-9)的体积公式为

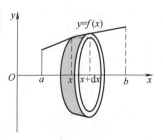

图 6-9

$$V_x = \pi \int_a^b f^2(x)\,\mathrm{d}x.$$

由此我们可以得到由曲线 $y = f(x)$, $y = g(x)$ $[f(x) \geqslant g(x)]$, 直线 $x = a$, $x = b(a < b)$ 围成的平面图形绕 x 轴旋转一周所得的旋转体的体积公式为

$$V_x = \pi \int_a^b [f^2(x) - g^2(x)]\,\mathrm{d}x.$$

(3) 由曲线 $x = \varphi(y)$, 直线 $y = c$, $y = d(c < d)$ 及 y 轴围成的平面图形绕 y 轴旋转一周所得的旋转体的体积公式为

$$V_y = \pi \int_c^d \varphi^2(y)\,\mathrm{d}y.$$

由此我们可以得到由曲线 $x = \varphi(y)$, $x = \phi(y)$ $[\varphi(y) \geqslant \phi(y)]$, 直线 $y = c$, $y = d(c < d)$ 围成的平面图形绕 y 轴旋转一周所得的旋转体的体积公式为

$$V_y = \pi \int_c^d [\varphi^2(y) - \phi^2(y)]\,\mathrm{d}y.$$

例 3 求由曲线 $xy = a(a > 0)$ 与直线 $x = a$, $x = 2a$ 及 x 轴所围成的图形分别绕 x 轴及 y 轴旋转一周所得的旋转体的体积.

解 该平面图形如图 6-10 所示.

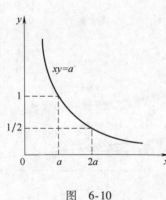

$$V_x = \pi \int_a^{2a} f^2(x)\,\mathrm{d}x = \pi \int_a^{2a} \frac{a^2}{x^2}\,\mathrm{d}x = -a^2 \pi \frac{1}{x}\Big|_a^{2a} = \frac{a\pi}{2}.$$

将 $x = a$, $x = 2a$ 分别代入 $xy = a$ 得 $y = 1$ 与 $y = \frac{1}{2}$, 用直线 $y = \frac{1}{2}$ 将平面图形分成两部分, 则

$$V_y = V_1 + V_2 = \pi \int_0^{\frac{1}{2}} [(2a)^2 - (a)^2]\,\mathrm{d}y + \pi \int_{\frac{1}{2}}^1 \left[\left(\frac{a}{y}\right)^2 - (a)^2\right]\,\mathrm{d}y$$

$$= 3\pi a^2 y\Big|_0^{\frac{1}{2}} + \pi a^2 \left(-\frac{1}{y} - y\right)\Big|_{\frac{1}{2}}^1 = \frac{5}{2}\pi a^2.$$

图 6-10

例 4 计算椭圆 $\frac{x^2}{a^2} + \frac{y^2}{b^2} = 1$ 所围成的图形绕 x 轴旋转一周所得的旋转体的体积. 其中 $a > 0$, $b > 0$.

解 由题意, 椭圆如图 6-11 所示, 知 $y^2 = b^2\left(1 - \frac{x^2}{a^2}\right)$,

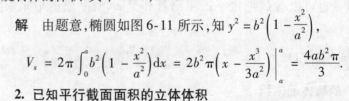

$$V_x = 2\pi \int_0^a b^2\left(1 - \frac{x^2}{a^2}\right)\,\mathrm{d}x = 2b^2\pi\left(x - \frac{x^3}{3a^2}\right)\Big|_a = \frac{4ab^2\pi}{3}.$$

2. 已知平行截面面积的立体体积

设立体位于垂直于 x 轴的平面 $x = a$ 与平面 $x = b$ 之间, 过 $[a,b]$ 上任一点 x 作垂直于 x 轴的平面, 它截立体所得截面面积是 x 的函数, 记为 $A(x)$, 立体中相应于 $[a,b]$ 上任一小区间 $[x, x+\mathrm{d}x]$ 的体积

图 6-11

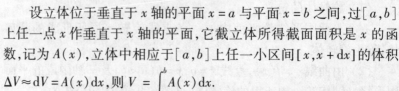

$$\Delta V \approx \mathrm{d}V = A(x)\,\mathrm{d}x, \text{则 } V = \int_a^b A(x)\,\mathrm{d}x.$$

四、　定积分在经济中的简单应用

已知边际函数求总量函数,这是定积分在经济学中最常见的应用.

(1) 已知 MC(边际成本),求总成本.

C(总成本) $= \int_0^x MC \mathrm{d}x$,当产量为 0 时,总成本等于固定成本.

(2) 已知 MR(边际收益),求总收益.

R(总收益) $= \int_0^x MR \mathrm{d}x$,当产量为 0 时,总收益等于 0.

(3) 已知 ML(边际利润),求总利润.

L(总利润) $= \int_0^x ML \mathrm{d}x$,当产量为 0 时,总利润等于 0.

例5　一工厂生产某种产品,在生产 x 单位(百台)时,其边际成本函数为 $MC = 3 + \dfrac{x}{3}$(万元/百台);其边际收入函数为 $MR = 7 - x$(万元/百台).

(1) 若固定成本 $C(0) = 1$(万元),求总成本函数、总收益函数与总利润函数;

(2) 当产量从 100 台增加到 500 台时,求总成本和总收益的增加量;

(3) 当产量为多少时,总利润最大? 最大利润为多少?

解　(1) 总成本 $C(x) = 1 + \int_0^x \left(3 + \dfrac{x}{3}\right)\mathrm{d}x = 1 + \int_0^x \left(3 + \dfrac{t}{3}\right)\mathrm{d}t$

$$= 1 + 3x + \frac{1}{6}x^2.$$

总收益函数 $R(x) = \int_0^x (7 - t)\mathrm{d}t = 7x - \dfrac{x^2}{2}$.

总利润函数 $L(x) = R(x) - C(x)$

$$= \left(7x - \frac{x^2}{2}\right) - \left(1 + 3x + \frac{1}{6}x^2\right)$$

$$= -1 + 4x - \frac{2}{3}x^2.$$

(2) $C(5) - C(1) = \left(1 + 3 \times 5 + \dfrac{1}{6} \times 5^2\right) - \left(1 + 3 \times 1 + \dfrac{1}{6} \times 1^2\right) = 16$(万元),

或者 $C(5) - C(1) = \int_1^5 \left(3 + \dfrac{x}{3}\right)\mathrm{d}x = 16$(万元).

$R(5) - R(1) = \left(7 \times 5 - \dfrac{5^2}{2}\right) - \left(7 \times 1 - \dfrac{1^2}{2}\right) = 16$(万元).

(3) 由 $L'(x) = 4 - \dfrac{4}{3}x = 0$ 得唯一的驻点 $x = 3$(百台),$L''(x) =$

$-\dfrac{4}{3}<0$，故 $x=3$ 时，总利润最大，且最大利润为 $L(3)=-1+4\times$

$3-\dfrac{2}{3}\times 3^2=5$（万元）.

习题六

（A）组

1. 利用定积分几何意义，求下列定积分：

(1) $\displaystyle\int_{-3}^{3}\sqrt{9-x^2}\,\mathrm{d}x$；

(2) $\displaystyle\int_{-2}^{4}\left(\dfrac{x}{2}+3\right)\mathrm{d}x$；

(3) $\displaystyle\int_{0}^{1}\sqrt{1-x^2}\,\mathrm{d}x$；

(4) $\displaystyle\int_{-2}^{2}|x|\,\mathrm{d}x$.

2. 比较下列定积分的大小：

(1) $\displaystyle\int_{0}^{1}x^2\,\mathrm{d}x$ 与 $\displaystyle\int_{0}^{1}x^3\,\mathrm{d}x$；

(2) $\displaystyle\int_{1}^{\frac{5}{2}}\ln^2 x\,\mathrm{d}x$ 与 $\displaystyle\int_{1}^{\frac{5}{2}}\ln x\,\mathrm{d}x$；

(3) $\displaystyle\int_{1}^{\frac{\pi}{2}}\sin x\,\mathrm{d}x$ 与 $\displaystyle\int_{1}^{\frac{\pi}{2}}\sin^2 x\,\mathrm{d}x$；

(4) $\displaystyle\int_{0}^{1}(1+x)\,\mathrm{d}x$ 与 $\displaystyle\int_{0}^{1}\mathrm{e}^x\,\mathrm{d}x$.

3. 估计下列定积分的值：

(1) $\displaystyle\int_{1}^{4}(x^2+1)\,\mathrm{d}x$；

(2) $\displaystyle\int_{\frac{\pi}{4}}^{\frac{5\pi}{4}}(1+\sin^2 x)\,\mathrm{d}x$；

(3) $\displaystyle\int_{\frac{1}{\sqrt{3}}}^{\sqrt{3}}x\arctan x\,\mathrm{d}x$；

(4) $\displaystyle\int_{0}^{2}\mathrm{e}^{x^2-x}\,\mathrm{d}x$.

4. 求下列各式的极限：

(1) $\displaystyle\lim_{x\to 0}\dfrac{\displaystyle\int_{0}^{x}\arctan t\,\mathrm{d}t}{2x^2}$；

(2) $\displaystyle\lim_{x\to 0}\dfrac{\displaystyle\int_{0}^{x}\cos t^2\,\mathrm{d}t}{3x}$；

(3) $\displaystyle\lim_{x\to 0}\dfrac{\displaystyle\int_{0}^{x}(1+2t)^{\frac{1}{t}}\,\mathrm{d}t}{x}$；

(4) $\displaystyle\lim_{x\to 0}\dfrac{\left(\displaystyle\int_{0}^{x}\mathrm{e}^{t^2}\,\mathrm{d}t\right)^2}{\displaystyle\int_{0}^{x}t\mathrm{e}^{2t^2}\,\mathrm{d}t}$.

5. 计算下列定积分：

(1) $\displaystyle\int_{1}^{2}(4x^3+2x-1)\,\mathrm{d}x$；

(2) $\displaystyle\int_{1}^{2}\left(x^2+\dfrac{1}{x^3}\right)\mathrm{d}x$；

(3) $\displaystyle\int_{1}^{4}\sqrt{x}(1-\sqrt{x})\,\mathrm{d}x$；

(4) $\displaystyle\int_{0}^{2}(\mathrm{e}^x-x+2)\,\mathrm{d}x$；

(5) $\displaystyle\int_{2}^{6}\dfrac{1}{x+x^2}\,\mathrm{d}x$；

(6) $\displaystyle\int_{0}^{2\pi}|\cos x|\,\mathrm{d}x$.

6. 用换元法计算下列定积分：

(1) $\displaystyle\int_{\frac{\pi}{3}}^{\frac{\pi}{2}}\cos\left(x+\dfrac{\pi}{3}\right)\mathrm{d}x$；

(2) $\displaystyle\int_{0}^{\frac{\pi}{2}}\sin t\cos^4 t\,\mathrm{d}t$；

(3) $\int_{-1}^{2} \dfrac{1}{(4+3x)^2}dx$;

(4) $\int_{\frac{\pi}{6}}^{\frac{\pi}{2}} \sin^2 t\,dt$;

(5) $\int_{-1}^{1} \dfrac{1}{x^2+2x+5}dx$;

(6) $\int_{1}^{e^3} \dfrac{1}{x\sqrt{1+\ln x}}dx$;

(7) $\int_{0}^{1} te^{-\frac{t^2}{2}}dt$;

(8) $\int_{0}^{16} \dfrac{1}{\sqrt{x+9}-\sqrt{x}}dx$;

(9) $\int_{-\frac{1}{2}}^{\frac{1}{2}} \dfrac{(\arcsin x)^3}{\sqrt{1-x^2}}dx$;

(10) $\int_{0}^{1} \dfrac{x}{1+x^2}dx$;

(11) $\int_{1}^{4} \dfrac{1}{1+\sqrt{x}}dx$;

(12) $\int_{1}^{2} \sqrt{x-1}(x+1)^2dx$;

(13) $\int_{1}^{\sqrt{3}} \dfrac{1}{x^2\sqrt{1+x^2}}dx$;

(14) $\int_{\frac{\sqrt{2}}{2}}^{1} \dfrac{\sqrt{1-x^2}}{x^2}dx$;

(15) $\int_{0}^{\pi} \sqrt{1+\cos 2x}\,dx$;

(16) $\int_{-\frac{\pi}{2}}^{\frac{\pi}{2}} \sqrt{\cos x-\cos^3 x}\,dx$.

7. 用分部积分法求下列定积分:

(1) $\int_{0}^{1} xe^x dx$;

(2) $\int_{0}^{1} \ln(1+x^2)dx$;

(3) $\int_{1}^{4} \dfrac{\ln x}{\sqrt{x}}dx$;

(4) $\int_{0}^{\frac{\pi}{4}} x\sin x\,dx$;

(5) $\int_{0}^{1} x\arctan x\,dx$;

(6) $\int_{1}^{e^{\frac{\pi}{2}}} \cos(\ln x)dx$;

(7) $\int_{0}^{1} e^{\sqrt{x}}dx$;

(8) $\int_{0}^{\frac{\pi}{2}} e^{2x}\cos x\,dx$.

8. 设 $f(x)$ 在 $[a,b]$ 上连续,证明:

(1) $\int_{a}^{b} f(x)dx = \int_{a}^{b} f(a+b-x)dx$;

(2) $\int_{a}^{b} f(x)dx = (b-a)\int_{0}^{1} f[a+(b-a)x]dx$.

9. 判断下列广义积分的敛散性,如果收敛,计算广义积分的值.

(1) $\int_{1}^{+\infty} \dfrac{1}{x^3}dx$;

(2) $\int_{2}^{+\infty} \dfrac{1}{\sqrt{x}}dx$;

(3) $\int_{0}^{+\infty} e^{ax}dx$($a$ 为常数);

(4) $\int_{-\infty}^{+\infty} \dfrac{1}{x^2+2x+2}dx$;

(5) $\int_{1}^{2} \dfrac{x}{\sqrt{x-1}}dx$;

(6) $\int_{0}^{3} \dfrac{1}{(1-x)^2}dx$;

(7) $\int_{0}^{2} \dfrac{1}{x^2-4x+3}dx$;

(8) $\int_{1}^{e} \dfrac{1}{x\sqrt{1-(\ln x)^2}}dx$.

10. 计算由下列曲线所围成的图形的面积.

(1) 双曲线 $y=\dfrac{1}{x}$ 与直线 $y=x$ 及 $x=3$;

（2）抛物线 $y = 3x^2 - 1$ 与直线 $y = 5 - 3x$；

（3）双曲线 $xy = 6$ 与直线 $x + y = 7$；

（4）曲线 $y = \ln x, y$ 轴与直线 $y = \ln a, y = \ln b (b > a > 0)$；

（5）曲线 $y = e^x$，直线 $y = e$ 与 $x = 0$；

（6）抛物线 $y = x^2$ 与曲线 $x^2 + y^2 = 8 (y \geq 0)$.

11. 求由下列已知曲线围成的图形，绕指定轴旋转一周形成的旋转体的体积.

（1）$y = x^2, x = y^2$，绕 x 轴，绕 y 轴；

（2）$y = x^3, x = 1, y = 0$，绕 x 轴；

（3）$y^2 = 4x, x = 1$，绕 x 轴；

（4）$y = \cos x \left(0 \leq x \leq \dfrac{\pi}{2} \right), y = 0, x = 0$，绕 y 轴.

12. 已知某产品的边际成本和边际收益函数分别为

$$C'(Q) = Q^2 - 4Q + 6, \quad R'(Q) = 105 - 2Q$$

且固定成本为 100. 其中 Q 为销售量，$C(Q)$ 为总成本，$R(Q)$ 为总收益. 求最大利润.

13. 已知某产品生产 Q 个单位时，其边际收益为

$$MR(Q) = 200 - \frac{Q}{100}.$$

求：（1）生产 50 个单位产品时的总收益；

（2）现设已生产了 100 个单位的该产品，若再生产 100 个单位，总收益将增加多少？

（B）组

1. 求下列定积分：

（1）$\displaystyle\int_{\frac{\pi}{4}}^{\frac{\pi}{2}} \frac{x\cos x + \sin x}{(x\sin x)^2} \mathrm{d}x$；　　（2）$\displaystyle\int_{\frac{\pi}{2}}^{2\arctan 2} \frac{1}{(1 - \cos x)\sin^2 x} \mathrm{d}x$；

（3）$\displaystyle\int_{\frac{1}{2}}^{\frac{3}{2}} \frac{1}{\sqrt{|x^2 - x|}} \mathrm{d}x$；　　（4）$\displaystyle\int_{0}^{x} \max\{t^3, t^2, 1\} \mathrm{d}t (x \geq 0)$.

2. 设 $f(x)$ 在区间 $[a, b]$ 上连续，且 $f(x) > 0, F(x) = \displaystyle\int_{a}^{x} f(t)\mathrm{d}t + \int_{b}^{x} \frac{1}{f(t)} \mathrm{d}t, x \in [a, b]$.

证明：（1）$F'(x) \geq 2$；（2）方程 $F(x) = 0$ 在区间 (a, b) 内有且仅有一个根.

3. 求 $\displaystyle\int_{0}^{2} f(x - 1)\mathrm{d}x$，其中 $f(x) = \begin{cases} \dfrac{1}{1 + x}, & x \geq 0 \\ \dfrac{1}{1 + e^x}, & x < 0 \end{cases}$.

4. 求证：$\displaystyle\int_0^{\frac{\pi}{2}} \frac{\sin x}{\sin x + \cos x}\mathrm{d}x = \int_0^{\frac{\pi}{2}} \frac{\cos x}{\sin x + \cos x}\mathrm{d}x$，并求

$\displaystyle\int_0^{\frac{\pi}{2}} \frac{\sin x}{\sin x + \cos x}\mathrm{d}x$.

5. 设连续函数 $f(x)$ 满足 $f(x) = x + x^2 \displaystyle\int_0^2 f(x)\mathrm{d}x$，求 $f(x)$.

6. 设 $f(x) = \displaystyle\int_1^{x^2} \mathrm{e}^{-t^2}\mathrm{d}t$，求 $\displaystyle\int_0^1 xf(x)\mathrm{d}x$.

7. 已知 $f(\pi) = 2, \displaystyle\int_0^\pi [f(x) + f''(x)]\sin x\mathrm{d}x = 5$，求 $f(0)$.

8. 证明：$I_n = \displaystyle\int_0^{\pi/2} \sin^n x\mathrm{d}x = \int_0^{\pi/2} \cos^n x\mathrm{d}x =$

$$\begin{cases} \dfrac{n-1}{n} \cdot \dfrac{n-3}{n-2} \cdot \cdots \cdot \dfrac{3}{4} \cdot \dfrac{1}{2} \cdot \dfrac{\pi}{2}, & n \text{ 为正偶数} \\ \dfrac{n-1}{n} \cdot \dfrac{n-3}{n-2} \cdot \cdots \cdot \dfrac{4}{5} \cdot \dfrac{2}{3}, & n \text{ 为大于 1 的奇数} \end{cases}$$

★ 习题六参考答案
见本页二维码

参考文献

［1］吴建成. 高等数学［M］. 3 版. 北京:高等教育出版社,2013.

［2］同济大学数学系. 高等数学:上册［M］. 6 版. 北京:高等教育出版社,2007.

［3］同济大学数学系. 高等数学:下册［M］. 6 版. 北京:高等教育出版社,2007.

［4］赵树嫄. 经济应用数学基础(一):微积分［M］. 3 版. 北京:中国人民大学出版社,2012.

［5］吴建成. 高等数学［M］. 2 版. 北京:机械工业出版社,2014.